U0141394

價格之外，價值之上

跳脫成本思維，掌握最適價格，實現雙贏策略

陳天賜 博士——著

推薦序

掌握定價策略，
企業迎戰市場變局的制勝關鍵

在全球經濟快速變化與競爭加劇的時代，如何運用定價策略提升企業競爭力並維持穩定成長，已成為每位經營者無法忽視的重要課題。因此，一本深入分析定價策略的書，不僅是企業管理者的寶貴資源，更是市場經濟研究者的必備參考。《價格之外，價值之上》就是這樣的一本書，能在企業面對複雜競爭環境時，提供清晰的指引。

企業是推動經濟成長和創造就業的重要角色，而合適的定價策略則是成功的關鍵。本書深入探討各種定價策略，從基礎理論到實際應用，涵蓋企業在不同發展階段和市場環境中的定價思維。它不僅是決策者的必讀書籍，亦是學術研究者的重要參考。

重塑思維，靈活運用定價策略

書中一開始便以教學個案帶領讀者進入真實情境，讓大家親身感受定價策略的實務應用。隨著內容逐步展開，讀者

將找到具體的解決方案，幫助他們全面理解定價策略的複雜性與可行性。接下來，闡述了定價的基本概念，強調價格作為常被低估的策略工具，如何成為企業最有效的獲利引擎。這部分不僅重塑了定價策略的思維方式，也為企業的市場策略規劃奠定了良好基礎。

在探討影響定價的內外部因素和定價流程時，本書為企業在不同市場情境下，提供了靈活運用定價策略的指導原則。不論是內部成本結構的分析，還是外部競爭態勢的考量，都提出了實用建議，詳細介紹了成本導向、需求導向、心理定價與價值定價等多種方法，並輔以實務案例，幫助企業靈活應對市場變化。

創新定價，穩健應對市場挑戰

值得一提的是，書中深入分析了在經濟不景氣或市場低迷時，企業如何維持穩健的定價策略。透過促銷活動、產品分級、免費模式等創新定價方式，為企業提供了具體可行的建議，以應對市場挑戰。此外，本書也探討了企業如何因應價格戰，這部分對當前面臨激烈價格競爭的管理者尤具參考價值。從價格戰的前期分析，到低成本策略、差異化策略的運用，再到如何培養核心競爭力，書中提出了一系列具體而有效的策略，幫助企業保持競爭優勢。

天賜是我15年前的學生，他在書中不僅提供了全面的定價策略知識，還結合了豐富的實務案例與深入的理論分析，為企業在競爭激烈的市場中提供了明確的方向。我誠摯推薦所有企業主、經理人和業務人員閱讀此書，相信它將為您帶來寶貴的啟發。

經濟部政務次長

推薦序

定價——
企業主導市場、引導消費的重要策略

定價，是每位企業經營者無法迴避的課題。它不只是簡單的數字，更是企業策略的核心，也是贏得市場競爭的關鍵。在當前市場競爭日益激烈、消費者需求快速變化的情況下，企業必須深入了解定價的科學，才能在市場中保持優勢。

《價格之外，價值之上》就是一本深入淺出、系統解析定價策略的好書。我深刻體會到價格戰對企業經營的威脅和挑戰，更了解在價格戰中，定價不只是反映市場競爭的工具，更是企業主導市場、引導消費的策略手段。

彈性定價，提升整體獲利

本書作者陳天賜在我們公司服務已超過20年，從業務專員一路晉升至資深協理，始終在銷售、研發和管理領域中不斷追求卓越。他不僅擁有豐富的實務經驗，對理論研究也充滿熱情，能夠巧妙地把學術理論與實務操作結合起來。在定價策略的探討上，他能做到深入淺出，兼具理論深度與實際應用，本書正是他多年研究與實務經驗的結晶。

全書從基本概念出發，帶領讀者一步步進入定價的領域。以「所有經濟活動都離不開價格」為切入點，強調價格在企業策略中的重要性，並展示價格作為獲利工具的潛力。同時，深入剖析了高價策略與低價策略的選擇，幫助企業主在不同的市場情境下，清楚評估適合的定價策略。

在實際經營中，要找到一個「完美價格」通常是不切實際的，因為單一價格可能會流失許多有利潤的訂單。因此，作者特別強調，企業應為產品針對不同市場用途制定「一組價格」。也就是說，面對不同的客戶群或市場區隔，可能需要採取不同的定價策略。這種彈性定價方式，可以最大化滿足各類客戶的需求，同時提高整體獲利。這個觀點是本書的核心價值，提醒企業應依據市場需求的多樣性和區隔化，靈活運用定價策略，避免受制於單一價格政策。

此外，作者還詳細探討了業務人員如何制定「最適價格」。書中不僅介紹了業務人員在面對客戶時的談判策略和技巧，還強調了業務人員應具備的各種能力，如積極態度、對產業供應鏈的了解、人脈經營和專業知識等，這些對企業的銷售管理具有極高的參考價值。

創造價值，實現雙贏局面

在經濟不景氣或市場停滯的情況下，書中也提供了企業如何靈活調整定價策略的建議，從促銷活動、產品分級定價到免費模式，作者憑藉豐富的實戰經驗，給出了許多實用的建議。

最後，如何因應競爭對手的價格戰，是每位企業經營者必讀的內容。書中深入探討了價格戰的分析方法和因應策略，包括低成本策略、差異化策略、集中策略等，這些策略都是企業在激烈競爭中取勝的關鍵。

我一直相信，企業在追求成長的同時，也應該讓下游客戶獲利，只有這樣，雙方才能共同成長，這也是我一貫的經營原則。與本書強調創造客戶價值的理念如出一轍：企業只有為客戶創造真正的價值，才能在競爭激烈的市場中脫穎而出，實現雙贏。

本書不僅是一本關於定價的實務指南，更是企業主和管理團隊制定策略、因應市場挑戰的重要參考。無論你是新創企業的經營者，還是成熟企業的管理者，本書都能提供深入的見解與實用的建議，激發你對企業發展的新思考。

良瑋集團董事長

自序

打破價格迷思，
從低價競爭到價值驅動的成功之道

在當今的產業環境中，價格戰似乎已成為許多企業面對競爭的唯一手段。許多人認為，只要能將價格壓得比競爭對手更低，市占率自然會提升。許多業務人員也將價格視為唯一的武器，為了爭取訂單，往往盡量答應客戶的價格要求，無論這個價格是否低於公司的變動成本。然而，一旦競爭對手也採取相同策略，價格戰便隨之爆發，最終導致兩敗俱傷，企業的利潤空間不斷壓縮，甚至走向虧損。

基於這些現象，我決定撰寫一本書，希望能讓企業了解，除了價格之外，生存和發展還需要更全面的策略。價格固然重要，但它並不是企業競爭的唯一焦點，更不是長期成功的保證。企業需要在定價策略之外，建立一套更具價值的競爭策略，才能真正立於不敗之地。

多樣化定價方式，為企業帶來更多利潤

我任職於良瑋纖維公司已超過20年，從業務專員到資深協理，一直在銷售、研發和管理的路上精益求精。在這段

職涯中，我接觸了甲乙、合益、金家、金鴻興、長鑫、宏遠、宏諦、辰得、祥聖、東大盛、隆昌、駿佑、恆發、福綠等紡織業的重要客戶，這些合作經驗為我撰寫本書提供了豐富的參考來源。我深刻體會到，定價是企業獲利最重要的工具，但也恰恰是大家最常忽略的。原因或許在於，定價涉及的因素相當複雜，包括成本結構、競爭狀況、供需關係等，這些都讓人望而卻步。很多企業經營者更傾向於選擇直觀而簡單的低價策略，認為只要價格夠低，就能取得競爭優勢。然而，這種簡單的策略往往忽略了企業長期發展和價值創造的重要性。因此，我希望通過這本書，從基本的成本觀念開始，深入剖析定價策略的各種影響因素，再到如何創造價值，最終制定出適合企業自身的最佳定價策略。

本書的主要內容在於顛覆「便宜就會有訂單」的錯誤觀念。追求最低價格，不僅無法幫助公司取得更高的利潤，反而會壓縮企業的生存空間，削弱品牌價值。我們應該思考的是如何有效地定位公司，並找出客戶真正看重的價值。只有當公司能夠清晰地定位自己並深入了解客戶需求時，才能在市場上穩定成長。這意味著，業務人員不應僅僅依賴一個固定的價格，去面對整個市場，而是應該為不同的市場區隔，制定不同的價格策略。這種多樣化的定價方式，既能幫助企業實現最大的利潤，也能更靈活地適應市場變化，保持競爭力。

教學案例引路，啟發定價策略的創新思維

此外，本書也希望幫助企業經營者和業務人員重新思考定價策略的意義和操作方法。經營者可以參考書中的各類案例，選擇最適合自身企業的策略，無論是低成本策略、差異化策略，還是集中策略。每一種策略背後，都需要不同的核心競爭力來支撐，而這些策略一旦成功，將使企業在激烈的市場競爭中保持優勢。對於業務人員來說，本書提供了關於成本觀念、客戶區隔、客戶價值，以及供應鏈管理等多方面的學習素材，並特別強調與客戶的連結能力及談判技巧，這些都是現代業務人員不可或缺的能力。

在書中，我以一篇教學個案作為開端，帶領讀者進入真實案例情境，讓大家能夠親身感受定價策略在實務中的應用。隨著內容深入，讀者將一步步找到解決這些問題的方法。這樣的安排，讓讀者更能深入理解定價策略的複雜性和實際應用的可行性。從基礎理論到實際操作，我希望每一位讀者都能從中獲得啟發，重新思考如何透過定價策略創造雙贏的局面。

最後，我要特別感謝在博士班期間耐心指導我的鍾憲瑞教授，正是他的教導和啟發，讓我有機會完成這本專書。同時，也感謝每一位在撰寫過程中給予我支持和建議的朋友與同事，這本書凝聚了大家的智慧和心血。希望本書能成為企業面對市場挑戰時的一盞明燈，帶來新的思考與啟發，讓我們在價格之外，真正創造更大的價值。

編者序

洞悉價格與價值的祕密，玩一場聰明的數字遊戲

你買東西的時候，會先看價格嗎？如果價格比想像中高，你還願意買單嗎？其實，價格不只是一個數字，背後蘊藏著心理學與市場策略的巧妙設計。了解價格的運作邏輯，能幫助我們在日常生活和商業世界中，做出更聰明的選擇。

價格不只帶來獲利，也是傳遞價值的工具

一杯咖啡在超商賣50元，在咖啡館卻能賣到100元，我們不會覺得奇怪，因為兩者提供的體驗和氛圍不同，價格自然有差異。再看看兩間飲料攤，雖然品項相似、價格接近，但A攤的生意總是好過B攤。為了扭轉局勢，B攤選擇降價促銷，希望吸引更多顧客，但這個策略真能奏效嗎？

「價格是被低估的策略工具。」本書透過豐富案例與市場分析，告訴我們價格不只影響營業額和獲利，更能彰顯產品價值。精準的價格策略有助於企業建立品牌形象、吸引顧客，甚至成為市場競爭的有力武器。不論是經營者還是消費者，理解價格的巧思，能在交易中創造雙贏的局面。

品質不僅形塑價值，更左右消費選擇

「定價的基礎是價值。」住家附近有間火鍋店，價格偏中上，但因主打高品質牛肉，顧客仍然絡繹不絕，甚至覺得物有所值。這說明價格並非消費者唯一的考量，產品本身的價值才是吸引顧客的關鍵。

書中詳細剖析了定價的流程與影響因素，並提供應對價格戰的策略，幫助你理解「最適價格」的概念，以及如何根據不同情境制定與調整定價方案。此外，本書還分享了多種實用的定價技巧，讓人得以掌握市場趨勢，靈活應對價格變化。透過作者精心彙整的內容，將能更敏銳地洞察價格與價值之間的微妙關係，提升定價能力，創造更大的競爭優勢。

價值既能提升價格，也創造更多利潤

降價或許能帶來短期買氣，但作者強調：降價並非萬靈丹，品質提升才是長久之道。提高價格強化品牌形象，不僅能增加利潤，還能讓產品在市場中取得更高定位。這讓我想到手工肥皂，以往價格多在數十元，但後來有人推出天然成分、環境友善的草本皂，不僅能清潔肌膚，還能撫慰心靈，一舉將價格提升至上百元，突破了人們的想像，如今消費者已習以為常。這不僅是價格的變動，更是品牌價值的重塑，吸引了重視品質的消費者，進一步提升產品的市場地位。

每一次消費決策，都隱含著我們對價值的無形判斷。當我們深入理解價格與價值的關聯與互動，就會發現每個價格的背後，都有著深思熟慮的考量。無論你是追求理性選擇的消費者，還是設計定價策略的經營者，本書將帶你掌握價格的運作原理，在商業競爭與日常生活中做出更適切的決策。

企畫主編

李妍暖

CONTENTS

TWO／影響定價的因素

THREE／定價流程

FOUR／各種定價方法

CONTENTS

SEVEN／經濟不景氣、市場急凍時，該如何定價？

EIGHT／如何因應競爭對手的價格戰？

・・・・。・

全得紡織

售價與成本無關的一場競爭

1986年，黃偉成創立全得織造股份有限公司，進入紡織產業。當時，成衣市場占70%，鞋材市場占28%，而洗衣袋市場僅占2%。黃偉成選擇了小眾的洗衣袋市場，而非競爭激烈的成衣市場。全得公司從洗衣袋貿易商起步，經過多年發展，逐漸轉型為洗衣袋用品製造商及供應商。

為了降低關稅成本與提高市場競爭力，黃偉成到越南設廠，實行垂直整合的加工方式，陸續成立洗衣袋加工廠、染整廠、織造廠、拉鍊加工廠與印花廠。經營30年後，全得在產品品質和成本控制上超越競爭對手，使銷售量穩步成長。截至2017年，全得在日本市場的市占率達到35%。然而，如何提高獲利率仍是黃偉成思考的問題。

一、產業現況

在2014年巴西世界盃足球賽中，由Nike贊助的10個參賽國家，穿著台灣製造的寶特瓶環保回收聚酯纖維球衣；而冠軍德國隊則穿著由Adidas贊助，同樣由台灣廠商生產製作的球衣。台灣紡織產業在全球市場占有重要地位，製造的防火布料供應全球超過一半的消防隊使用，美國每10件瑜珈服中就有8件使用台灣廠商生產的布料。台灣紡織業曾在1987～1997年間被視為夕陽產業（如圖0-1），但如今已成為全球紡織研發重鎮，擁有健全的產業聚落、良好的品質與快速的交期，創造出台灣紡織矽谷的奇蹟。

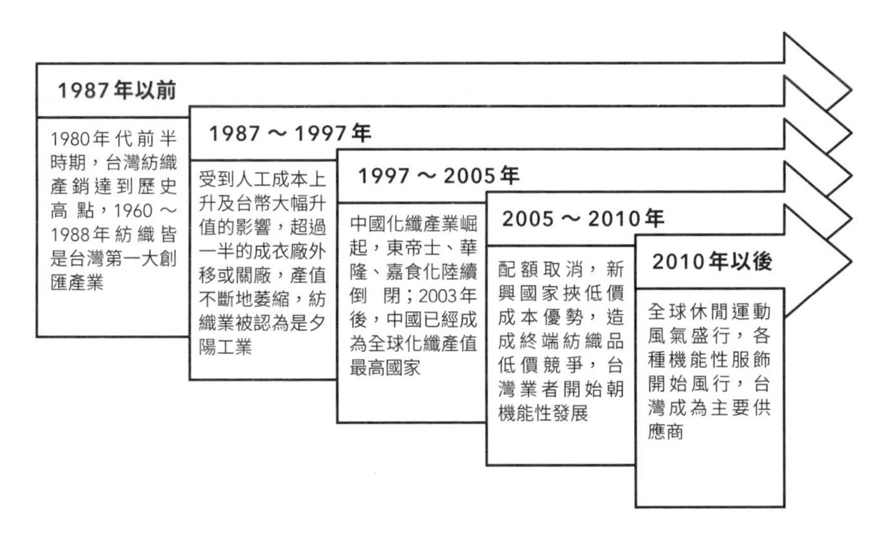

圖0-1 從夕陽到朝陽的紡織業進程

目前，台灣的化纖產業擁有卓越的產品研發能力，能為下游織布業者、國際品牌商與通路商，提供最佳的機能性原料需求和服務。自2005年起，隨著國際市場競爭逐漸自由化，全球產業板塊位移，全球區域經濟體系的形成，以及各國簽署自由貿易協定，形成新的市場競爭形勢。貿易轉移與價值鏈重新分配的後續效應，仍在持續發酵中。此外，國際貿易保護主義的盛行，導致反傾銷貿易障礙，對我國紡織品外銷產生影響。

新興紡織國家崛起、中國大陸產能持續擴張及低價策略，使其成為全球最大的紡織品出口國。相較於美國、日本、德國、英國和法國等紡織業發達國家，台灣位居其後，而中國大陸與東南亞國家則位居前列。與韓國、香港相比，台灣的地位較為接近，韓國則是台灣目前的主要競爭對手。

二、公司背景

基本資料（2023.3）：

企業名稱：全得紡織股份有限公司

行業類別：紡織產業

成立時間：1986年

負責人：黃偉成

廠房面積：3,400平方米（台灣廠）；6,500平方米（越南廠）

員工人數：台灣22人／越南1000人

營業額：5億／年

主要產品：洗衣袋3千萬個／年

主要市場：以日本為主市場（占80%）、次市場為歐美、台灣

關稅問題：2000年以前，台灣外銷到日本的關稅為3%，2000年後提高到8%。越南外銷到日本的關稅為0%。

創業初期，黃偉成注意到兩個現象，並思考要進入哪個市場。

首先，他觀察到大多數台灣競爭對手，專注於生產成衣、鞋材等主流產品。因此，他決定選擇市場規模較小的洗衣袋市場，避開激烈的競爭。

其次，庫存管理也是他考量的因素。一般的經編針織工廠，從採購原料到織造成品，需要大約一個月的時間。而品牌客戶所能接受的最長交貨期只有兩星期，這意味著無論是成衣或鞋材，都必須維持一定的安全庫存量，以滿足客戶需求。由於不同客戶對產品的規格、組織、碼重和顏色等要求各異，因此到年底時，庫存中會累積大量無法銷售的成品和胚布，只能低價清理庫存。相較之下，洗衣袋的布種相對單

純，可以相互替代，因此可以充分利用庫存布料，避免庫存滯銷的問題。

黃偉成表示：「若想長期經營某一行業，必須全面了解其供應鏈的始末。僅有深入了解各個環節，才能確保企業長期經營。」

創業初期，黃偉成意識到市場上競爭者的數量與庫存管理的挑戰，因此選擇進入洗衣袋市場，並將日本視為利基市場，以避免台灣市場的激烈競爭。然而，當時他並不清楚日本洗衣袋市場的規模。為此，他聘請了一位熟悉日本市場的業者擔任公司總經理，並前往日本拜訪洗衣袋製造商，以深入了解市場規模及其特性。這項決策成為全得公司在市場中穩定立足的基石。

三、洗衣袋製造流程

洗衣袋的起源可追溯到洗衣機扭力大的問題，為減少衣物被拉扯損壞，人們開始使用洗衣袋，藉此延長衣物的使用壽命。一般普遍認為，洗衣袋的作用是保護衣物、防止變形，但其網目大小、與水的對流性、摩擦力等因素，也會影響洗衣的清潔效果。製造洗衣袋的過程與成衣製造相似，需先將纖維織成布，再進行染色。研發團隊參考市場上銷售較佳的款式，設計出符合消費者需求的洗衣袋。因此，洗衣袋的設計和生產需要專業技術和知識，以確保產品的品質和功能性。

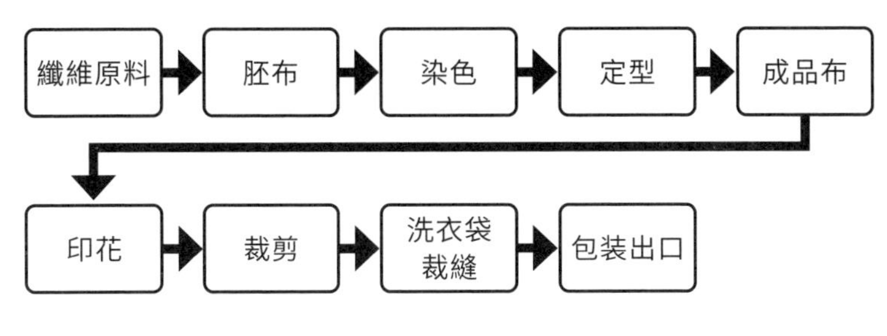

圖0-2 洗衣袋的加工過程

在洗衣袋供應鏈中，有兩個重要角色：

（一）經編廠商：

這些廠商如裕源、源鵬、五綸和祥聖等，主要從事織布業務，為成衣和洗衣袋市場提供布料。它們大多數專注於銷售胚布，但少數廠商也提供成品布。由於洗衣袋所需的胚布量小、利潤低，這類產品僅占織布廠總生產量的5%，主要生產其他布種，以供應成衣運動市場。一般經編廠商使用28針經編機進行生產，在原料選擇方面，丹尼數愈低的纖維價格愈高，但重量相對較輕，每一顆21吋盤頭約可整經300公斤纖維。

機台	盤頭尺寸	使用原料	原料價格	生產產能
28針經編機	21吋	40丹尼／12條	60元／公斤	500公斤／天

（二）貿易商：

貿易商在洗衣袋產業中扮演著關鍵角色，他們通常沒有自己的織布廠，而從經編廠採購成品布，再進行後續加工，最終製成洗衣袋。雖然這樣可以減少許多生產工序，但貿易商需要支付較高的成品布成本。因此，貿易商必須依賴有效的採購管道、精確的成本管理與控制，以維持競爭力與穩定獲利。

四、競爭者的經營方式

全得公司的主要競爭對手是緯詮公司。緯詮公司由前全得業務代表於1988年創立，最初經營日本市場，隨後轉向歐美市場。與全得公司不同的是，緯詮公司選擇直接從經編織布廠採購成品布，並進行後續加工，製成洗衣袋成品後，再賣給客戶。這種經營方式減少了許多繁瑣的工序，大大提高了生產效率。由於緯詮公司負責人曾是全得的股東，對洗衣袋的生產流程及主要客戶群非常熟悉，因此對洗衣袋市場有著相當深入的了解。

以下是根據緯詮公司向經編廠採購成品布的經營方式，而計算出的一個洗衣袋成本：

- 成品布每碼價格為25元
- 8碼＝1公斤
- 1公斤布料可製成20個洗衣袋
- 拉鍊成本為每個1元
- 洗衣袋加工成本為每個5元
- 因此，每個洗衣袋的成本為【(25*8)／20】＋1＋5＝16元

五、貿易商階段

1986年，黃偉成在彰化縣成立了全得洗衣袋成品加工廠，投入洗衣袋產業。起初，他向經編廠採購成品布，並從拉鍊工廠購買拉鍊，再進行加工製程。然而，他意識到自己的製造流程與競爭對手相似，導致成本差異不大，因此競爭相當激烈。為了降低成本，他決定改變策略，開始從經編廠購買胚布，再運送到北部的染整廠染色與定型，儘管多了一道工序，但總體成本卻略低於競爭對手。

然而，售價差距相當有限，與競爭對手之間的價格競爭也從未間斷。當時，台灣市場的洗衣袋售價為30元，而通路商的成本加上利潤為10元，這意味著通路商能接受的進

貨價為20元。為了搶占市場，競爭對手向共同客戶報價18元，成功獲得訂單。得知此事後，黃偉成迅速做出反應，以17元的價格供應產品，並將客戶倉庫內的現有庫存也一併降價至17元。雖然他最終保住了這筆訂單，但利潤也大打折扣。

六、轉型成為一家洗衣袋製造及貿易商

全得從採購胚布→染整→成本布，再加工製成洗衣袋，並在1992年轉型為洗衣袋製造與貿易商，產品主要銷售至日本、歐美與澳洲等地。

建廠時，黃偉成觀察到同業的經編工廠都裝設了冷氣空調，以穩定胚布的生產品質，同時提供員工舒適的工作環境。但每月的電費和維修費高達30萬元，因此他選擇了不同的策略。黃偉成參考國外工廠的建築設計，精心挑選建材並改良設計，以取代冷氣空調的使用。最終，工廠不僅節省大筆成本，還提供舒適的工作環境，同時生產出品質穩定的胚布，讓黃偉成感到非常自豪。

（一）行銷方面

經實際調查後發現，日本市場的洗衣袋年總需求量約為1億1千萬個，因此全得將銷售重心鎖定在日本。但要打

入日本市場並不容易，日本對洗衣袋的品質測試標準極為嚴格，要求產品能經受一年的使用次數，約為每週使用兩次，共計104次。除了品質要求，當時日本市場的洗衣袋售價為35元，通路商要求以25元進貨，為了贏得通路商的信任，黃偉成最後決定以更低的23元販售。憑藉著優異品質與價格優勢，全得成功進入日本市場。全得的價格策略是採取成本領導策略，始終以低於競爭對手的價格贏得市場，迫使競爭對手退出市場。每個洗衣袋只賺1元的低利潤策略，儘管引來競爭對手的抱怨，但黃偉成深知，若僅依賴單一洗衣袋產品，要達到損益兩平，每月的生產目標必須達到50萬個。因此，無論獲利與否，全得的首要目標是提升市占率。

貿易壁壘也是全得在日本市場中的一大挑戰。2000年以前，從台灣外銷洗衣袋到日本的關稅為3%，儘管全得能負擔此稅額，但與日本簽署自由貿易協定（FTA）的其他國家相比，仍處於劣勢。全得認為，如果關稅提高至3%以上，就必須重新考慮在台灣生產和出口的可能性，因為這會使整體獲利無法支撐提高後的關稅負擔。

（二）生產方面

設廠初期，黃偉成在生產設備上採取與其他同業不同的方法。他改良了機台設備、調整盤頭尺寸、使用不同的原料規格，並制定每天只上一班的生產政策。

- 整經盤頭的尺寸改為30寸，這種盤頭可承載350公斤的重量，整經時可提高負重，比同業增加了17%的產能。同時，減少了整經和織造的更換次數，進而減少損耗並增加整體產能。
- 經編機台的選擇也與同業不同，全得使用24針經編機台，而非28針機台。除了降低設備購買成本外，24針機台所用的原料價格也較低。
- 一天一班制，即只上白天班，與同業24小時輪班制不同。此做法曾引起同業質疑，但黃偉成認為，既然每月需求產能是固定的，何不將費用集中於設備採購，透過增加機台來減少輪班，這樣可以減少人事成本（如三班幹部人數、輪班津貼等）。更重要的是，白天一班制的產能通常比輪班制來得高，只是大多數同業不願在設備採購上投入這些成本。

（三）採購方面

原料採購是工廠營運最重要的部分，黃偉成對供應商的原料價格有獨到見解。他對供應商表示：「你們給我們的價格，取決於我們公司的能力，我們不會議價。但若採購價格一直過高，就表示我們能力不足，那我們只好跟其他供應商合作。」因此，全得的供應商為避免轉單，只能採取薄利多銷的策略。

在原料規格選擇上，全得也與業界不同。一般同業在製造洗衣袋時，使用28針經編機台和40/12半光聚酯原絲。但全得則改用24針經編機台，並採用50/24半光聚酯原絲，不僅降低了原料成本，且因原料較粗、重量較重，使產能較高、碼重較高，洗衣袋的品質自然更優，客戶也更滿意。

曾有同業詢問黃偉成，為何敢做出與業界不同的改變，難道不怕失敗嗎？黃偉成回答：「因為我對客戶需求和製造原理都了解的相當清楚，才敢做這樣的改變。」

（四）財務方面

原料採購占據了成本的大部分，由於與原料廠直接採購需要現金交易，全得選擇捨棄這種方式，轉而向原料廠的代理商採購。與代理商交易的好處在於，一來可採票期交易，延長付款期限；二來對於品質也更有保障。

黃偉成預見洗衣袋市場一定會持續增長，從設廠初期開始，每年從盈餘中撥款增購新設備，以落實一班制生產政策，並因應未來產能增加的需求。

（五）投資定型廠

1996年，染整、定型的市場需求仍然旺盛。全得剛設廠時，將工廠生產的胚布交由下游染整廠進行染色與定型。但面臨市場旺季時，由於價格和交期不穩定，經常導致後段加工流程延誤。因此，黃偉成決定投資下游定型廠，除了確保穩定的交期，還進一步掌控了品質要求。

七、海外設廠

（一）第一階段海外設廠

在過去十年的努力下，全得在日本的市占率與獲利，皆有明顯的斬獲。隨著台灣於2001年加入WTO，面對全球化競爭，全得為了幫助客戶降低成本、提升競爭力，在2003年擴大產能，跨海至越南海防市成立加工廠，以精益求精的專業分工原則，取代台灣廠的加工功能，使台灣廠專注於織造，從而有效控制品質。

在選擇設廠地點時，公司最初考慮了兩個國家。廠長傾向前往中國大陸設廠，因為大部分台商已在當地投資，資源集中，且勞動力技術水平較高。以纖維為例，中國從1995年的930萬公噸產量，增至2003年的5642萬公噸，產能足足增加了五倍。同時，台灣的產量僅從1220萬公噸，增至1503萬公噸，只增加了0.25倍。另一考量因素是語言，台灣與中國大陸的語言相通，在工作分配及執行上具有更大優勢。

黃偉成最終選擇在越南投資，主要因素是越南出口到日本免關稅。第一個考量點是薪資，台灣的勞工薪資約是越南的八倍。由於成品加工需要的人力較多，而中國大陸經濟快速成長，也帶動工資上漲，相較之下，越南勞工的薪資仍然較低。另一個考量點是文化差異，中國大陸的員工具有冒險精神，只要在公司待久之後，容易選擇自行創業，增加了公司的競爭風險。相反地，越南員工傾向安於現狀，對公司構成的風險相對較小。

（二）第二階段海外設產

台灣布料製造→越南成品加工→外銷日本市場，此一策略成功吸引了許多客戶。起初，全得在台灣自行織造胚布，並委託台灣的染整廠、定型廠代工，再將成品布出口至越南廠。拉鍊則由台灣廠商供應，再運往越南組裝。但因這些加工廠分散在台灣北部與中部，光是每段加工運送的時間，就讓全得失去許多訂單。

因此，全得於2008年在越南廠區新增了織布、染整、定型和拉鍊工廠，將原本只負責洗衣袋加工和包裝的廠區，轉型為垂直整合的生產基地。六個廠房各司其職，實現上下游集中生產的理想，有效提高工作效率，這也是全得在價格上無法被競爭對手超越的關鍵因素。

—— 延 伸 思 考 ——

一、面對低價競爭時，全得採取了哪些策略？具體措施為何？成效如何？如何建立長期的企業競爭優勢？

二、全得應如何確定最適價格？應考量哪些因素？

三、對於競爭對手的低價策略，全得是否還有其他因應方案呢？

四、全得現階段應如何提升獲利率？

chapter ONE

定價基礎概念

制定價格策略時，需考慮三項因素：
成本、需求和競爭環境。
本章將探討價格對經濟活動的影響、
價格在企業策略中扮演被低估的角色、
價格在企業中作為獲利引擎的角色，
以及高價策略與低價策略之間的優劣。

01
一切經濟活動都存在價格

一切經濟活動都涉及價格。企業在考慮其業務模式、產品開發、市場進入等經濟活動時，必須認識到價格的存在和重要性。這意味著在所有決策過程中，價格都應該是一個重要的考慮因素。

(一) 價格的定義與意義

日常生活離不開價格，從一早出門買早餐的價格，再到搭捷運或公車的票價，以及開車族須負擔的油價和停車費等，萬事萬物都有價格。從經濟學的角度來看，價格是消費者願意付出的最高代價。但從賣方角度來看，價格則是賣方願意接受的最低收入。美國市場行銷協會（American Marketing Association）將價格定義為「每單位商品或服務所收取的價錢」，即企業在市場上創造價值的手段。據Stremersch & Tellis的研究，價格對於企業的意義有下列幾點：

1. 影響營業額與獲利

一般來說，價格愈低，銷售量就會隨之增加，反之亦然。營業額由銷售量與價格相乘而得，再扣除固定與變動成本形成獲利。因此，價格會直接影響營業額與獲利。企業應了解價格與銷售量的關係，以預測不同價格水平下的營業額與獲利。

2. 有彈性的競爭工具

在經濟學中，價格由供給和需求決定，而非成本。因此，調整價格可快速應對競爭。例如，超商咖啡曾推出限時買一送一的促銷活動，一旦鮮乳價格上漲時，則會提高「現煮含奶咖啡」的售價。高鐵和電影院在非尖峰時間推出早鳥65折、早場票降價等方案，以吸引顧客並提高閒置利用率。可知，價格是快速反應市場和因應競爭對手變化的重要策略工具。

3. 產品與服務的價值

價格反映消費者對產品或服務價值的認知，對於同樣的商品或服務，不同商家可能設定不同價格。例如，一杯拿鐵咖啡在超商售價為50元，但在咖啡廳卻為120元。若僅考量方便性和價格因素，消費者可能會選擇超商咖啡；若想感受咖啡廳氛圍，消費者便願意支付較高價格。當消費者認為高價產品提供了相對的價值，便會心甘情願支付高價。

4.價格傳達產品資訊

當消費者無法確定產品品質時，價格就成為評價指標。例如，高價化妝品牌能讓消費者對其品質產生信任感；標榜負離子功效的機能性衣服，雖無法直接讓人感受到效果，但其高價位也會讓消費者更信任其效能。總之，消費者往往根據價格來評估產品價值，認為價格愈高，品質愈好。

（二）定價代表經營定位

定位是企業在消費者心中建立獨特形象的重要策略，決定了產品的價格定位。例如，提到漢堡，多數人會立即想到麥當勞；提到咖啡，則想到星巴克。經營策略（包括顧客、需求、能力等方面）是企業發展的指南，而行銷策略（包括價格、產品、促銷和通路等4P策略）則是為實現經營策略目標所設計的。如果企業沒有明確的定位策略，行銷策略就無法發揮最大效益。定位是企業建立品牌形象、贏得消費者信任和樹立競爭優勢的關鍵策略。透過建立獨特的定位，企業可以在市場中脫穎而出，提高品牌的可識別度和忠誠度。

市場定位是企業在目標市場中的策略，基於消費者對現有產品的價值和市場位置的認知。其目的是透過獨特的行銷策略，打造一個難忘且與眾不同的企業形象。成功的市場定位需要專業的行銷組合，以確保這種形象能夠快速、精確地傳達給消費者。根據丁振國&黃憲仁的研究，要深入了解市場定位，可從以下四個核心問題著手：

(1) **產品或服務定義：**我賣的產品或服務是什麼？

(2) **目標市場定義：**誰是我們的目標客戶？誰會購買我的產品或服務？

(3) **競爭分析：**競爭對手有哪些？與競爭對手相比，我們產品的價值是什麼？

(4) **核心競爭力：**哪些特質或能力使我們長期致勝？哪些優勢是競爭對手難以複製的？

透過回答上述問題，企業可以更清晰地定義其市場定位策略，並根據目標市場和競爭環境進行調整。所以，我們在技術、設計、品質、成本、服務與信譽等方面，必須有特別突出之處。產品的價格定位可幫助企業界定其產品的市場定位，反映出消費者對產品的感受及其在競爭產品中的地位。以台灣的咖啡市場為例，市場分為高價位咖啡（如連鎖咖啡店）、中價位咖啡（如超商咖啡）、低價位咖啡（如罐裝咖啡）。星巴克定位為提供高品質的精品咖啡，消費者認知該品牌價值較高，故願支付較高價格享受一杯咖啡。透過價格定位，企業可以在市場中建立自己的定位，讓消費者對產品或服務形成明確的認知。

1. 選擇目標市場

市場包含所有進行商品和服務交易的買方和賣方，而目標市場定位則是一種將市場區隔與目標市場區隔清晰化的方法。企業藉由找出適當的目標市場、建立正確的定位，並針對產品、通路、推廣等策略，制定出合適的價格，以踏上成功之路。無論是消費者市場或商業市場，企業都意識到無法吸引整個市場的所有購買者。購買者眾多且分散，需求和購買習慣各不相同。因此，企業應區隔市場、進行評估，最終選擇目標市場，而非在整個市場中競爭，有時甚至只是與優越的對手競爭。

（1）**市場區隔的變數：**市場區隔過程中，變數是不可或缺的元素。這些變數用來區分市場，只有選定適當的變數，才能成功劃分市場區塊。例如，以性別區分市場為男性和女性；以時間區分為早餐、午餐和晚餐市場。行銷人員的洞察力和理解力，以及從中發掘商機的能力，往往與他們選擇的區隔變數息息相關。嘗試使用不同的區隔變數來劃分市場，有助於行銷人員深入研究不同區塊內的需求和商機。舉手錶為例，可用年齡變數區分為兒童、青少年、中年和老年區塊，或用時機變數區分為白天、夜間、上班、休閒、約會、長途旅行和激烈運動等區塊，以此制定行銷策略。

(2) **消費者市場區隔變數：**在消費者市場區隔中，企業通常會以人口、地理、行為和心理變數四種方式，以區分消費者。

- **人口區隔（Demographic Segmentation）：**人口區隔簡單易懂，數據易獲取（如政府公開資料），且行銷人員易理解，是拓展市場的有效工具。例如，台灣少子化問題日益嚴重，2022年新生兒出生率再創新低，導致幼教與補習班市場急遽縮小，而銀髮族、長期照護與老人醫療市場則快速成長。了解這些人口變化，對於市場判斷至關重要。
- **地理區隔（Geographic Segmentation）：**地理區隔透過地理位置、人口密度、氣候與城市大小等因素，來區分消費者。不同地理環境會對消費者的生活方式與習慣，產生不同影響。

企業可選擇在一個或多個地區經營，或在全國範圍內經營。例如，超市、大賣場、百貨公司根據城市規模和人口密度設立分店，以達到最大市場覆蓋率和營利效益。

- **行為區隔（Behavior Segmentation）：**利用消費者行為模式進行區隔，以掌握其消費偏好與購買習慣。透過研究消費者購買的頻率、地點、品牌認知度、忠誠度與消費管道等，企業可制定適當的行銷策略，以滿足消費者需求並提升品牌忠誠度。例如，高鐵公司設置會員點數累積制度，鼓勵消費者頻繁搭乘，同時強化品牌形象、增加市占率。
- **心理區隔（Psychographic Segmentation）：**透過分析態度、興趣、個性、信仰與價值觀等心理因素，來區分消費者。不同的心理層面會影響消費者對產品或服務的需求與評價，因此企業需將其納入市場區隔策略。例如，航空公司區分頭等艙、商務艙和經濟艙，以滿足不同消費者對飛行體驗的不同期待。透過心理區隔，企業可更精確了解消費者需求，開發更貼近其需求的產品或服務。

(3) **B2B的市場區隔變數：**在組織市場中，購買者包括工廠、中間商、政府機關、服務機構和非營利組織等，這些購買者具有多樣的需求和特點，因此供應商需具備市場區隔的概念。組織市場的區隔變數大致可分為兩類：購買者的基本背景、採購與採購單位的特性。

① 購買者基本背景

購買者的基本背景是區隔組織市場的重要變數，類似於消費者市場中的人口統計變數。這些變數包括地理位置、產業或行業類別、公司規模等，是明確且清楚的分類方式。透過這些變數，供應商可更精確地定位不同組織市場的需求，提供相應的產品與服務。

- **地理位置：**購買者所在地的自然、人文、產業環境等因素，會影響不同區域的管銷成本、法令規範、行銷方式、市場機會與限制等。例如，台灣汽車長期租賃客戶多數為外商、高科技業或大企業等，因此台北、新竹成為業者爭奪的重點地區，而高雄、台南等則相對較不重要。
- **產業或行業類別：**不同產業或行業會因技術高低、產品特性、經營模式及文化習慣等因素，對採購或供應商提出不同需求。例如，衛浴設備製造商將市場劃分為旅館、餐廳與住宅等不同領域，提供針對性產品。

- **規模：**購買者的規模是區分市場的重要因素，因其與採購量、議價人力、採購要求與決策複雜程度密切相關。供應商可依據自身策略與資源，選擇適當的目標市場。例如，便利商店市場可區分為全國連鎖、地方連鎖和單店等不同規模，它們對上架費、供貨效率和產品品質等方面的要求也有所不同。

② 採購與採購單位特性

供應商還需考慮採購與採購單位的特性，以更有效地區隔市場。

- **採購條件：**供應商需考慮組織購買者在價格、產品與服務品質等方面的不同需求。例如，建材供應商需區分每坪10萬元以下的房屋專案與每坪百萬以上的豪宅市場，前者著重價廉物美，後者要求高級精緻。
- **採購用途：**採購品項的用途會影響供應商需提供的產品屬性、價格與訴求。例如，五星級旅館和辦公大樓內部使用的電話，便有不同的需求與標準，前者強調設計風格，後者則偏重功能性。

- **顧客關係：**供應商可依歷史交易紀錄與購買頻率，將客戶區分為不同等級，並制定相應策略，以維持市場地位。
- **採購人員特徵：**採購人員的性別、經驗、專業背景與決策風格，會影響供應商的銷售策略。例如，農藥與肥料商會根據台灣農民的年齡層與專業程度，制定不同的銷售策略。針對年輕農民，傾向使用專業知識與理性說明的方式來服務；對於老一輩農民，仍會採用建立關係、談判價格的方式。

(4) **目標市場選擇：**行銷人員在面對市場區隔時，必須明確選擇一個或多個區塊作為目標市場。在做出決策之前，必須仔細考慮市場情況、區隔市場結構以及公司自身等三大因素。

① 市場情況

選擇目標市場前，企業需分析各區隔市場的銷售量、成長率和預期利潤率，尤其是那些規模可觀且具有高成長潛力的市場。然而，規模和成長率不一定意味著最佳目標市場。中小企業可能因資源有限，無法滿足大型市場的需求，或因競爭激烈而難以立足。因此，企業必須謹慎選擇符合自身能力和資源的市場，確保在競爭中獲利。

② 區隔市場的結構

選擇目標市場時，企業必須考慮市場結構性因素，這些因素影響市場的長期吸引力。其中，市場規模和成長率固然重要，但利潤才是關鍵。然而，以下因素可能影響市場利潤：

- **競爭對手：**如果市場中已有占優勢的競爭對手，新進入者將面臨更高的進入門檻。
- **替代產品：**市場上若存在多種替代產品，企業可能難以維持價格和利潤。
- **消費者購買力：**高購買力的消費者可能壓低價格，並提出更高的品質或服務要求，增加競爭壓力。
- **供應商優勢：**強大的供應商可能操控價格、降低品質或減少供應量，這些都會降低市場吸引力。

企業必須研究這些結構性因素，以確保在市場上取得長期競爭優勢。

③ 企業的目標、資源及優勢

雖然區隔市場具備適當規模和高成長率，企業仍須衡量自身技術和資源，是否滿足客戶需求。有些區隔市場看似吸引人，但若不符合企業長遠發展目標，就應放棄。

企業須集中精力實現主要目標，避免分散資源。同時，選擇區隔市場時，需考慮環境、政治和社會責任等因素，以免採取不當的市場策略。例如，不應不公正地將脆弱市場（如兒童、老年人、低收入族群等）作為目標市場。

區隔市場有其益處，但企業必須勇於放棄不適合的市場，才能成功。專注服務選定的目標客戶，並構建優於競爭對手的優勢，是企業在市場中生存和獲利的關鍵。

2. 選擇產品定位

產品定位是指消費者對產品或其特性的重要性評估，旨在打造出產品或企業的獨特形象，讓目標市場的顧客認識並選擇該產品。麥可．波特在《競爭策略》中提出了三種廣義的定位替代方案：產品差異化、低成本領先和利基市場專業化。

（1）**差異化定位：**產品定位是企業營銷策略中不可或缺的一環，旨在突顯產品的獨特性和優勢，吸引消費者注意，提高市場知名度和競爭力。企業通過技術、附加價值和品牌地位等因素，實現產品的差異化，以滿足消費者需求，讓他們選擇企業的產品而非競爭對手的產品。差異化定位能突顯產品特色，提高消費者對產品價值的認知，進而帶來更多利潤。

舉例而言，星巴克的成功在於其優秀的差異化定位策略。星巴克強調提供高品質的精品咖啡，採用世界上僅有10%的頂級咖啡豆，並在店面設計和裝修方面，注重提供獨特的體驗，如店內音樂（聽覺）、空間設計（視覺）、咖啡豆香（嗅覺）和咖啡品嘗（味覺）等感官體驗，吸引大量顧客。這種策略不僅幫助星巴克建立了獨特品牌形象，還帶來了可觀的營收和市占率。

（2）**低成本定位：**City Café在全台擁有眾多門市，在剛開始販售咖啡商品時，開店成本幾乎為零。透過量大制價的策略，以比競爭對手更低的價格，購買品質相似的咖啡豆。儘管小杯咖啡只賣25元，毛利率僅為同業的一半，但由於銷量大，利潤卻能大幅提升。對低利潤率公司而言，提升周轉速度、增加銷售量才是最重要的獲利模式，速度將成為公司成敗的關鍵因素。

(3) **特定的定位**：為了清晰且具體呈現產品的優勢與購買原因，許多企業會選擇「單一主要利益定位」作為廣告訴求。這種定位方式強調產品的最佳品質、表現、信賴、實用性、安全性、舒適性、價格、速度與尊貴等方面，讓消費者更易理解、接受與購買。在汽車市場中，賓利代表「最強勁、永不妥協的精神」，賓士以「最尊貴」為主要定位，BMW強調「最佳駕駛表現」，而富豪則以「最安全」為主要賣點。

3. 建立競爭優勢

確立市場定位後，企業必須傳達給目標消費者。過程中，所有的市場行銷組合皆須支援此一定位策略。企業必須了解顧客真正的需求，提供更高價值的產品和服務，這些價值可能是較低的價格或較高的服務水準，以建立競爭優勢。

7-11旗下的City Cafe憑藉多項競爭優勢，贏得消費者喜愛。首先，它提供高品質且平價的咖啡，打造良好企業形象。其次，擁有全台逾6000家門市，方便消費者購買。此外，透過「整個城市就是我的咖啡館」的行銷故事，將消費者的生活場景與品牌形象融合，強化品牌情感聯繫。City

Cafe還縮短咖啡調製時間，減少等待，提升消費體驗。最後，總公司統一進貨並享有折扣優惠，能降低成本，提供更具性價比的產品。這些優勢讓City Cafe成為消費者心目中的咖啡品牌首選。

若企業的產品定位是提供最佳品質與服務，則須嚴守承諾。City café的行銷口號「整個城市就是我的咖啡館」，基於其門市數量超越競爭對手，符合顧客期望。企業也發現，許多小型優勢易被競爭對手模仿，故需培養多個獨特且難以複製的競爭優勢。City Cafe在提高客單價、增加來客數，以及提袋率三方面下功夫，成功建立多個競爭優勢。

案例

長亞纖維

價值導向的市場定位

長亞纖維是台灣最大的石化集團，擁有出色的市場定位，一直屹立在行業的領先位置。這家公司的獨特定位源於其產品的高品質、創新的研發策略、迅速高效的服務，以及強大穩固的品牌形象。更值得一提的是，長亞纖維堅定地承諾實現減廢、減碳、節水和減微纖的環保目標，使其在整體市場和品牌價值方面，都產生了深遠的影響。

與其他競爭者不同，長亞纖維並未追求量產，以降低成本的策略，反而選擇了另一條路。他們鎖定高端市場，強調價值等同價格的理念，這不僅讓他們在市場中獨樹一幟，並且能為自身高品質和高價值的產品設定更高的價格。

長亞公司以一流的管理能力和創新產品贏得讚譽，他們大量投入市場研究和產品開發，確保長亞纖維始終保持創新領先地位，不僅提高了產品品質，還賦予其獨特性，使公司能提高產品價格。再者，長亞纖維以迅速響應客戶需求的服務贏得市場先機，即使在緊急情況下也能提供支援，進一步提升產品價值。長亞纖維穩固的品牌形象，也是其設定高價格的一大優勢。他們強調四大核心價值：減廢、減碳、節水和減微纖，這些價值體現在產品中，贏得消費者認同，因而願意為長亞纖維的環保理念付出更高價格。

總結來說，長亞纖維的高品質產品、創新研發、快速服務、堅實品牌形象，以及對永續環保的承諾，使其市場定位更為精準，並能為設定更高價格。這種定價策略體現了產品的價值，讓公司在聚酯加工絲產業中保持領先地位。堅守「永續環保解決方案，您值得信賴的夥伴」的理念，長亞纖維不斷贏得市場和消費者的信任，並在產品品質、環保、創新和服務等方面，樹立新的行業標準。

02

價格是被低估的策略工具

價格是一種被低估的市場策略工具，許多企業認為只要產品品質夠好，消費者自然會購買。然而，價格在市場中扮演了重要角色，對於消費者來說，價格是購買決策中的關鍵因素之一；對於企業來說，價格是影響利潤的核心因素之一。在企業制定銷售策略時，如市場區隔、產品定位及競爭策略等，應該考慮價格作為策略工具的價值。透過精確的價格設定，企業可以更好地吸引消費者，確保競爭力。

（一）賽局理論

大賣場的「天天都便宜」與競爭對手的「買貴退差價」或「破盤價」策略，都是為了吸引消費者。2018年，電信業者為提高市占率，而掀起499上網吃到飽的促銷熱潮，如今這種策略已成為各行各業的常態。值得注意的是，中油與台塑的競爭、中華電信與台灣大哥大的價格戰。企業明白削價競爭會導致利潤下降，甚至虧損，但為何仍持續進行？這可從賽局理論（Game Theory）中找到答案，特別是囚犯困境（Prisoner's Dilemma）模型提供了有力的解釋。

囚犯困境指的是一種競爭或對抗性質的行為，參與者有不同的目標和利益。為了實現自身目標，每個人都必須考慮其他參與者的可能行動，選擇對自己最有利的方案。例如：警方逮捕了兩名銀行搶匪，但缺乏定罪證據。警方隔離訊問，告訴他們如果都否認罪行，只需支付罰款即可離開。如果一人承認罪行，另一人否認，承認者無罪釋放，否認者將被判重刑。如果兩人都承認罪行，則只需在監獄中待幾年。在這種情況下，兩個嫌犯知道如果都否認罪行，最多只會被罰款。然而，他們都害怕對方會認罪而陷入兩難。

囚犯困境在市場競爭中經常發生。企業知道削價競爭會導致利潤減少甚至虧損，但為何仍難以避免？如同前述故事，如果雙方都不降價，企業可保持合理利潤；如果一方堅持價格，另一方降價，降價方略微降價，即可獲取更高銷量和利潤。但因雙方無法交流，彼此都擔心對方會降價而失去利潤，最終雙方都會降價，導致虧損。短期來看，企業認為降價可提高市占率，增加獲利，但若競爭對手也降價，將演變為價格戰，讓所有人都虧損。為了避免價格戰，企業應充分了解競爭對手的實力，判斷他們對價格變動的反應與目標，進而影響並引導競爭對手的定價方向，遠離價格下降的陷阱。

（二）定價的基礎是價值

對企業而言，價格不僅代表產品或服務的成本，也影響顧客的購買決策。然而，定價時不應只考慮成本，因為價格最終反映的是顧客願意支付的金額，即顧客對產品或服務價值的認知。例如，顧客願意在超商支付30元買一瓶可樂，也願意在餐廳支付100元買一瓶相同的可樂，乃因顧客對這兩種場合的價值認知不同。因此，企業應了解顧客價值，而非僅考慮成本，來制定合理的價格策略。顧客會支付特定的價格，購買符合自身利益的產品或服務，因此，提供符合顧客需求的價值，才能獲得市場競爭優勢。

在企業的角度來看，成本僅是價格制定的最低限制，而非唯一考量。然而，現今有超過七成的企業採用成本加成法，即以成本加固定獲利率的方式定價，或隨著競爭對手的價格調整價格，導致許多潛在的利潤機會被浪費。在B2B市場中，約有六成顧客的採購決策基於非價格因素，因此企業可透過顧客區隔來了解真正的價值，找出那些較重視服務而非價格的顧客。企業通常將顧客區隔為三類：價格導向、產品導向與服務導向。透過了解顧客區隔及其價值，企業可制定更有效的定價策略，以滿足顧客需求，同時獲得更多利潤。

1. 價格導向顧客

在經濟學領域中，「價格敏感度」通常是指當產品價格發生變化時，對產品需求量的影響程度。這類顧客對價格變化非常敏感，會比較多家供應商的價格，甚至進行砍價，以獲得最低價格。他們通常缺乏忠誠度，相信低價才能帶來利潤。

2. 產品導向顧客

著重於產品選擇和品質，相信高品質和快速的產品供應會帶來穩定業務，他們更關注與信譽良好的供應商交易，而非價格高低。

3. 服務導向顧客

重視科技支援服務，以及與業務員的良好接觸，希望能與業務員建立密切關係，以獲得市場資訊、了解最新產品研發進展，並解決業務過程中的問題。

基於上述顧客區隔，我們可以進一步將顧客分成四類：高獲利、高忠誠、低獲利，以及流動性較高的顧客。對於不同的顧客區隔，企業必須評估自身資源和能力，以提供市場內相應顧客所需的價值，並與競爭對手有所區隔。例如，對於價格敏感的顧客，企業必須提供比競爭對手更低的成本，以滿足其需求且獲利；此外，若製造商能提供更高品質和更快速的交貨期，也可為某一區隔的顧客提供價值。如果企業能深入分析顧客區隔，並清楚了解顧客需求，則可選擇目標顧客群，提供更高價值且提高企業利潤。

（三）市占率與利潤，何者重要？

許多企業會在尾牙宣布當年的營收，並制定來年的目標成長率，如提高10%或20%。然而，許多經理人仍相信「只要營收增加，利潤也會隨之提高」，這是一種誤解。事實上，在同一產業中，市占率較高的企業常會獲得更高的利潤。這種對市占率的迷戀在企業界根深蒂固，其根源可追溯到1970年代的「行銷策略之獲利衝擊」（Profit Impact of Marketing Strategy，簡稱PIMS）研究，其中揭示了提高市占率對於企業利潤的影響，並探討規模經濟、市場力量和管理品質等三個因素。

1. 規模經濟

高市占率企業之所以能獲取高利潤，最明顯的原因是它們能實現規模經濟。例如，7-11於2022年12月在台灣擁有6631家店面，能透過規模化生產降低成本。規模經濟通過將固定成本（如硬體設備成本）分散在更多生產單位上實現，從而降低每個單位的成本。此外，企業還能利用經驗曲線，即透過不斷創新，尋求新的生產與管理模式，以降低生產成本。

2. 市場力量

許多經濟學家認為，大多數情況下，市占率較高的企業能獲得更高利潤的主因是市場力量，即企業決定價格的能力。這受到多個因素影響，如企業相對於市場的大小、技術能力及政府保護措施（如專利權）的程度等。因此，高市占率企業擁有較強的價格訂定能力，進一步提高了獲利能力。

3. 管理品質

要在市場中取得高市占率和高獲利，企業必須擁有卓越的管理品質。卓越的管理品質有助於企業占據市場領導地位，並善於控制成本，提高生產效率。一旦企業達到領導地位，其相對競爭對手的優勢也會更加明顯，更容易保持領先地位。這種管理品質包括高效的運營、良好的員工管理、明智的投資策略和靈活的決策能力，以應對日益變化的市場環境。因此，企業必須不斷提高管理品質，才能在激烈的市場競爭中取得長期成功。

儘管許多企業因提升市占率而獲得規模經濟、市場力量與管理品質等優勢，進而提高獲利。但在成熟市場中，企業為了提高市占率，往往採取降價策略，導致競爭加劇。1990年代的紡織產業就是一例，廠商為追求市占率大幅擴廠，最終因產能過剩和削價競爭，許多企業虧損退出市場。存活下來的企業轉而專注於提高利潤，而非僅僅追求市占率。

良好的管理品質是企業追求高市占率和獲利的必要後盾。優秀的經理人能成功占據市場領先地位，控制成本，並提高生產效率，進而增強企業的市場力量和規模經濟。然而，在成熟市場中，企業為了提高市占率，往往採取降價策略，而導致削價競爭和產能過剩等問題。因此，企業逐漸將注意力轉向提高利潤，尤其是在高度競爭的環境。

市占率、銷售量和營收成長是企業創新能力的最佳體現。例如，星巴克成功征服台灣咖啡市場，並透過擴展店面提高市占率，轉化為長期獲利。然而，當競爭態勢發生變化，2019年路易莎咖啡分店數超過星巴克，加上其他競爭對手進入現泡咖啡市場，星巴克面臨激烈競爭。此時，以市占率為導向的策略已不再明智，需針對市場變化調整策略。因此，星巴克推動提高產品品質、在地化服務和科技輔助等價值活動，以卓越的消費者體驗維持其高端咖啡品牌形象。

企業常面臨提升市占率或獲利的兩難抉擇。當競爭對手以更低價格或稍優品質搶占市場時，企業必須仔細思考對策。降價應對可能會引發價格戰，損害企業價值和價格標準，拉大價格與價值的差距。若企業降低價格，客戶可能要求其他供應商降價，進一步加劇價格戰。

另一方面，企業可以強調提供顧客的價值，以維持價格水平，但這樣做的風險是可能失去市占率。因此，企業應盤點自身資源和能力，找出具有獲利潛力的產品和服務，並專注於提供高品質價值而非僅僅降低價格。這種「產品導向」或「服務導向」的策略，可幫助企業找到適合的目標客戶，而非僅僅追求市占率。

總之，企業應採用以價值為導向的策略，提供高品質的產品和服務，尋找最適合的市場區隔點，以提高獲利和市占率。

03

價格是最有效的獲利引擎

在企業經營中，獲利是核心目標，而價格、銷售量和成本是三個最重要的影響因素。企業管理者通常會花費大量時間控制成本、提高生產效率，認為這是提高獲利的最佳方法。其次，他們會思考如何提高銷售量以增加收入。然而，卻常忽略價格這個因素，因為價格被認為複雜且難以掌控。但實際上，價格是影響獲利的重要因素。

根據標準普爾500指數上市公司的統計，如果產品或服務價格提高1%，利潤可以增加7.1%。相比之下，變動成本降低1%，僅能改善利潤4.6%；固定成本降低1%，則只能增加1.5%的利潤。這些數據表明，價格是企業最有效的獲利引擎。企業在設定銷售目標，預測財務表現和確定業績增長策略時，應意識到價格是驅動利潤的主要手段。透過優化價格策略，企業能有效提升收入，達到獲利目標。

(一)價格、成本與利潤的關係

根據標準普爾500平均經濟的研究，企業想要提高獲利有四個主要方向：價格、變動成本、銷售量和固定成本，其中價格因素的影響最為顯著，但卻經常被忽視。

利潤＝「營業收入」－「成本」
營業收入＝「價格」×「銷售量」；成本
＝「固定成本」＋「變動成本」

若欲論及利潤，成本概念不可忽視。多數企業以產品單位成本為基礎定價，將成本視為價格底線。產品成本可區分為「固定成本」與「變動成本」。固定成本（fixed cost）指在生產量或銷售量變動下不變的成本，如管理部門薪酬、借款利息、機台設備購置與折舊、研究費用、廣告費用等。不論生產或銷售狀況如何，這些成本皆不會變動。

變動成本（variable cost）是制定價格的最低限度，指隨生產量或銷售量變動的成本。原物料成本、工廠作業員薪酬、加班費等皆屬於變動成本。例如，當一家成衣廠的生產量從1萬件增加到2萬件時，採購的布料和配件成本也會增加兩倍。為配合產能增加，作業員的人數也必須增加，因此總薪資也會增加。相較之下，固定成本變動較小。因此，企業必須清楚了解產品成本如何隨著生產量的增減而變化。

大多數企業認為，銷售量和利潤密不可分。換句話說，只要提高市占率和銷售量，利潤就會隨之提高。然而，全球化和激烈競爭讓許多產業利潤下降，企業因此更加關注成本。為節省開支，許多企業進行人員精簡和改革，但卻忽略了最重要的價格因素。

價格是直接影響單位利潤率的重要因素。如果銷售量不變，價格愈高，平均單位利潤率也會愈高。但根據經濟規律，價格愈高，銷售量愈低，進而影響利潤。如果定價過低，企業必須透過大量銷售來維持利潤。此外，單位毛利率低的產品僅靠增加銷售量，無法有效提升利潤，必須透過降低成本或提高價格來增加毛利率。因為企業的生存並非僅仰賴一種商品，所以利潤是透過「一種商品的獲利」累加計算而來，而獲利關鍵在於價格。因此，決定利潤多寡的關鍵並非銷售量，而是價格。

損益平衡分析法可計算在某一特定價格下，當總收入與固定成本相等時，利潤為零的銷售量。這種分析法可評估價格變動對損益平衡點的敏感度，但僅能幫助企業了解，何種「價格與銷售量」的組合可達到不虧損的狀態。

案例

辰林針織

價格變動的影響

辰林公司將吸濕排汗機能布，以每公斤100元的價格賣給下游貿易布商，年銷量約5萬公斤。此產品的變動成本為每公斤60元。換句話說，每賣出1公斤的產品，可為固定成本與利潤貢獻40元（售價減去變動成本）。

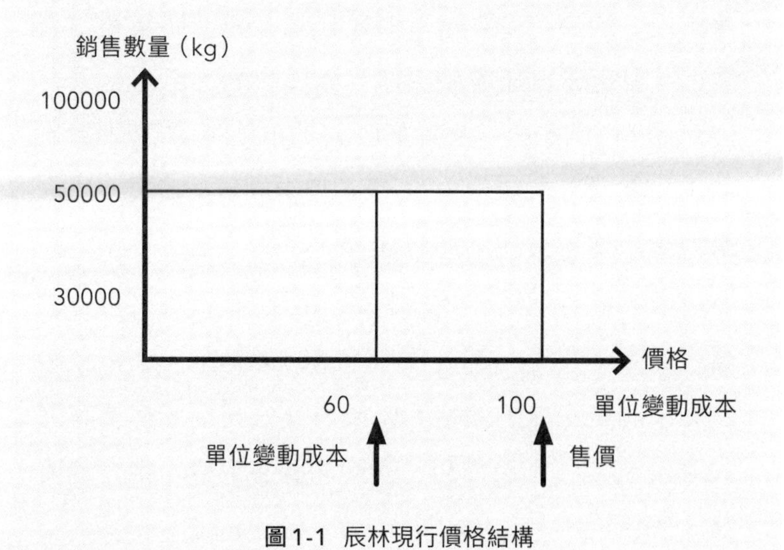

圖1-1 辰林現行價格結構

由圖1-1可知，辰林獲利情況如下：

每年營業收入為500萬元

（5萬公斤×100元／公斤＝500萬元）

變動成本為300萬元

（5萬公斤×60元／公斤＝300萬元）

總貢獻金額為200萬元

〔5萬公斤×（100－60）元／公斤＝200萬元〕

辰林公司的固定成本包括廠房、人事費用、折舊等費用，約為150萬元。根據利潤公式，即營業收入減去（固定成本加變動成本）等於利潤，可得出辰林公司獲利50萬元，占營業收入的10%。單位成本為90元，每公斤的獲利為10元，相當於目前產業一般水準的報酬率。然而，辰林經理人不確定每公斤100元的售價，能否創造最大的利潤，因此希望找出可能的價格範圍。在原本每公斤100元的基準下，上下波動20%來測試可能的價格。如果辰林公司要維持原有的50萬元利潤，那麼價格的變動需要多少銷售量才能支撐呢？

（1）在降價20%的情況下，如欲維持原有利潤，需增加多少銷售量？

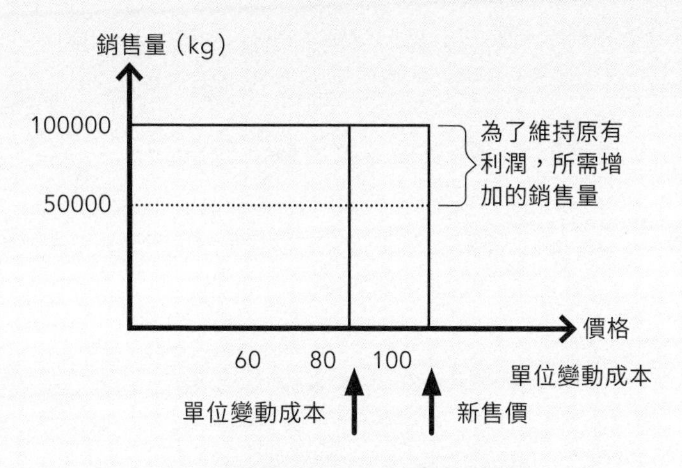

圖1-2 辰林降價20%後的價格結構

根據圖1-2，辰林如將售價調降20%，即每公斤下修為80元，變動成本仍為每公斤60元，辰林的單位貢獻將由原本的40元降至20元。由於單位貢獻的下降，若要維持50萬元的獲利，則銷售量必須提高兩倍。換言之，即使僅降低20%的價格，導致每公斤產品的單位貢獻由40元降至20元，降幅高達50%。因此，為了維持50萬元的利潤，需將銷售量提高至原本的兩倍。在激烈的市場競爭中，企業若面對降價方案，勢必須進行全面評估。降價不僅需要增加產能來支撐，還會對財務造成壓力。此外，企業必須考慮工廠產能的極限，若無法應付增加的產能需求，則須擴充產能，但這也將伴隨固定成本的提高。因此，在考慮價格調整時，必須仔細評估企業的財務和產能狀況，以達到最佳的利益和效益。

（2）漲價20%，可以接受銷售量下滑多少？

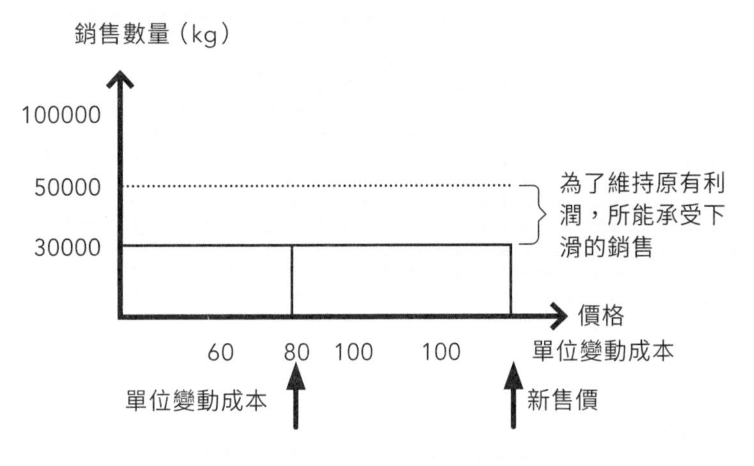

圖1-3 辰林漲價20%的價格結構

根據圖1-3，如果辰林將價格調漲20%，導致單位貢獻提高為每公斤60元（120-60＝60元），那麼只要售出33333kg的產品，即可獲得200萬元的獲利。換言之，若辰林調漲價格20%，但仍想維持原有利潤，則銷售量最多可下滑約33.3%；若銷售量下滑程度超過

33.3%，調高價格將使利潤大幅增加。例如，辰林若以每公斤120元的價格，賣出4萬公斤的產品，則該產品的利潤將從200萬元提升至240萬元。因此，經理人認為漲價會帶來更高的利潤，是一個可行的方案。

經由辰林的案例可知，企業對於價格的漲跌，將對單位貢獻產生極大影響。降價必須大幅提高銷售量，才能維持原有的利潤，但同時也必須考慮到自身產能極限問題，是否有能力負荷大幅增加的銷售量。相反地，若價格微漲，只要銷售量在可接受範圍內，就能維持原有利潤，甚至大幅提升獲利。

（二）找出最適價格

透過圖1-4的價格需求曲線，即可判斷最適價格。以辰林為例，單位變動成本為每公斤60元，可能的定價區間落在60～150元之間。這是因為若將單價設定為60元，相當於單位變動成本，公司將無法獲利，單位貢獻為零。若將單價設定為150元，則銷售量為零，故將價格設定在高於150元或低於60元，都是不合理的。

圖1-5是以價格與銷售量為軸，利用矩形來代表總貢獻，即銷售量與單位貢獻相乘的結果。因此，我們必須在單

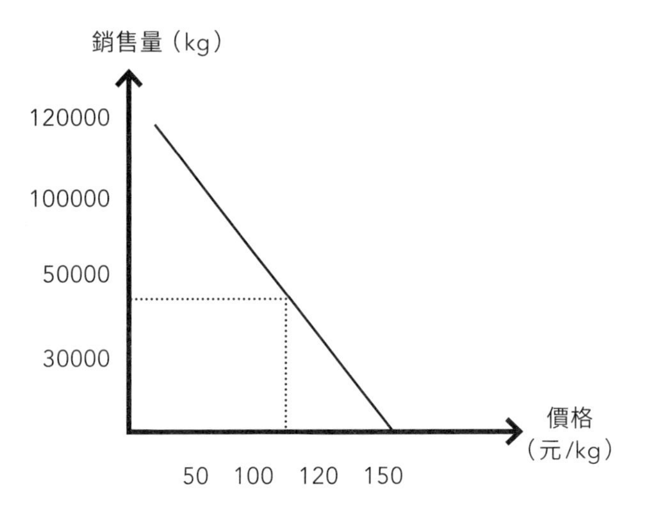

圖 1-4 辰林的價格需求曲線

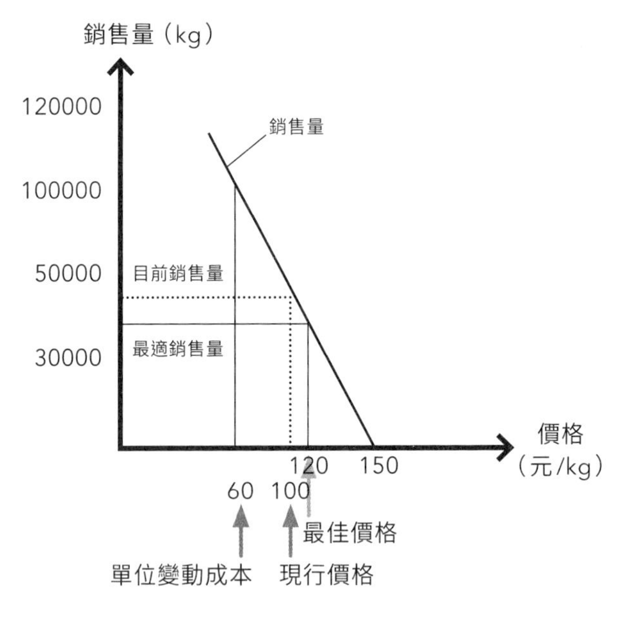

圖 1-5 辰林的最佳價格

位變動成本右邊的三角形內，找出最大的矩形面積。根據辰林案例，當價格訂在每公斤105元，矩形面積最大化，此時銷售數量為4萬5千公斤，總貢獻為202.5萬元，減去固定成本150萬元，獲利52.5萬元。與目前每公斤100元的價格相比，多出了5%的利潤。

圖1-5的利潤曲線顯示，在不同價格設置下的利潤變化趨勢，其中可以得到一些重要的發現。首先，必然存在一個最佳價格點，能讓企業獲得最大利潤。偏離此一最佳價格點時，利潤就會降低，即最適價格相差愈大，損失的利潤就愈多。此外，定價策略也存在一些陷阱。例如，過高的定價如每公斤150元，可能導致銷量歸零；而低於變動成本的價格，如每公斤60元，則無法覆蓋成本，這些都不是理想的價格策略。最後，在定價過程中，固定成本、研發成本和推廣費用等所謂的沉沒成本，在確定最佳價格時應予以忽視，因為這些成本已經發生且不可逆轉，不應影響價格決策。

（三）為獲利和成長而定價

對於企業而言，訂定適當價格一直都是令人困擾的問題。不同企業可能會使用不同的定價策略，包括妥協、直覺定價、成本加成、跟隨競爭對手或沿用慣例的定價方法。最終訂出的價格可能僅符合企業需求，而非市場最適價格。

以辰林的定價策略為例，其價格區間介於變動成本與客戶價值感受之間，即60～150元。透過需求曲線的分析，得出最適價格為105元，此價格可為企業帶來最大利潤。然而，當實際售價設定為每公斤100元時，產品銷量可達5萬公斤。若採用最適價格，預估可售出4萬5千公斤，儘管整體獲利增加，卻會出現產能閒置的情況。因此，我們需要思考的是，該產品是否僅能以一種價格販售？

前一節提到，客戶可分成三種類型：價格導向、產品導向和服務導向。因此，同一產品可能有不同客戶以不同價格購買。企業應細分目標客戶群，針對其需求和價值索取不同價格。例如，辰林針對需要更多服務的客戶，如市場資訊、產品測試報告或新產品研發等，盡可能滿足其要求。客戶因為得到這些服務而願意支付更高價格，此時辰林即可賣出高於最適價格的價錢。如果只依照最適價格賣出產品，會失去許多應得的利潤，這些就是隱藏的獲利。

在日常生活中，許多企業都會使用一連串的策略，以增加利潤和擴大基本客群。例如，高鐵推出早鳥優惠票吸引客戶填補閒置座位；而航空公司頭等艙則利用較高價格，以吸引特殊需求的顧客。企業應根據顧客對同一產品的不同評價，並基於利潤和成長來設定不同的價格，以滿足不同評價的顧客，並從中獲取高低不同的邊際利潤率。跨產業的分析顯示，只要平均價格提高1%，即可增加高達11%的營業收入。因此，定價是一連串的策略，可讓企業滿足顧客的不同需求和評價，並從中賺取高低不同的邊際利潤率。

現今的定價策略已不再僅是數字的價格，而是一套為企業尋求最大利潤的方案。許多企業的定價目標是尋找出產品或服務的「最高價格」，從中獲得最大利潤。然而，這樣的定價方式會面臨兩種問題。首先，如果價格定得太高，顧客就會轉向競爭對手；反之，價格設定得稍低一些，就能吸引更多願意購買的消費者。其次，如果價格定得太低，企業就會失去許多願意多付錢的顧客，進而錯失隱藏在其中的利潤。因此，經理人除了滿足主要客戶群的需求外，還應該針對類似早鳥優惠票或商務車廂的客戶群，找到這些隱藏的利潤。這樣的定價策略能幫助企業提高營收，並獲取更大的利潤。因此，定價已不再是單純的設定價格，而是一項策略性的工作。

04

應採高價或低價策略？

價格定位是企業制定市場策略的重要考量，決定了商業模式、產品品質、品牌形象和創新方向，也是市場區隔和開拓的重要手段。高價和低價策略均有成功案例，如IKEA、全聯超市、屈臣氏實踐了低價策略，而APPLE、ASUS、ACER則是高價策略的代表。企業在制定價格定位策略時需考慮多種因素，如目標客群、競爭環境與成本結構等，並透過試驗與調整達成最適合的價格定位策略。

以下展示兩家企業的成功案例：「全得」選擇成本領導的低價策略，而「福綠」則選擇差異化產品及服務的高價策略，這兩種策略的成功因素不同。當企業評估如何在市場中定價以最大化利潤時，應根據具體情況選擇適當的價格策略，並在新產品推出、市場變化或競爭環境變化時調整策略。

案例

全得織造

低價策略的作法

彰化縣全得公司創立於1986年，起初投入紡織產業。當時，成衣市場占紡織產業的70%，鞋材市場約占29%，洗衣袋市場僅占1%。相較於大多數成衣業者，創辦人選擇投入市場較小的洗衣袋產品，因為國內市場競爭激烈，而洗衣袋市場主要集中於日本，競爭較小。1992年，公司由洗衣袋貿易商轉型為紡織廠，開始提供成品布，逐步轉型成洗衣袋製造商與供應商。2003年，為了降低關稅成本及提高競爭力，創辦人在越南設廠，垂直整合供應鏈，成立洗衣袋加工廠、染整廠、織造廠、拉鍊加工廠與印花廠。經過30年的經營，全得公司憑藉著穩定的產品品質和具有競爭力的價格，年銷售量穩定成長。到了2017年，公司在日本市場的市占率已達35%。

創辦人深信，若想成功經營某個行業，必須徹底了解該行業的供應鏈，掌握每個細節，才能持續發展。

當全得公司決定進入日本洗衣袋市場時，市場規模並不被人所知。為了解日本市場需求、產品種類、價格，以及產業標準等資訊，創辦人聘請熟悉日本市場的業者擔任總經理，並多次前往日本與洗衣袋製造業者洽談，了解市場需求和競爭狀況。全面調查後，公司制定了投資計畫，使銷售量穩定增長。

在行銷方面，全得發現日本市場的洗衣袋年使用量約為1億1千萬個，因此將銷售重心設在日本。然而，要進入日本市場並不容易。日本對洗衣袋品質的測試標準相當嚴格，成品要能經受一年、共104次使用的考驗。當時日本洗衣袋售價為35元，而通路商要求以23元進貨，全得以22元成交。憑藉優異的品質與價格，全得成功進入日本市場。

創辦人認為，產品定價應根據市場價格，而非成本。若價格無法符合市場標準，企業可能會被淘汰。因此，生存的關鍵在於不斷降低成本，以確保產品的競爭力。

全得採用成本領導策略，以低於競爭對手的價格作為主要競爭手段。每個洗衣袋僅賺取1元的低利潤，令競爭對手不敢輕易進入市場。創辦人意識到，要達到損益平衡，單一產品項目的月產能需達到50萬個洗衣袋。

此外，貿易壁壘對於全得在日本市場的行銷相當重要。2000年以前，台灣出口洗衣袋到日本的關稅為3%。儘管全得能夠負擔這個稅額，但相較於與日本簽署自由貿易協定的其他國家，全得處於劣勢。因此，全得認為，如果關稅提高超過3%，就必須重新考慮在台灣的經營可能性，因為整體獲利與提高的關稅之間無法達到平衡。

在生產方面，全得在建廠初期採取了不同於其他同業的策略。創辦人進行了機台設備的改良、盤頭尺寸的調整、使用不同的原料規格，並制定了每天只上一班的政策。這些措施旨在提高生產效率、降低生產成本，以實現價格優勢，擊敗競爭對手。

（1）整經盤頭尺寸改良：將整經盤頭的尺寸改為30寸，可承受350kg的負重，增加17%的產能，減少整經與織造的更換次數，從而減少損耗。

（2）經編機台改進：使用24針經編機台，成本更低，且能降低後續原料的採購成本。

（3）生產方式改變：採取一天一班制，即只上白天班。相較於同業24小時輪班的生產方式，此種做法受到了質疑。然而，創辦人認為，每月所需產能是固定的，費用應集中在設備採購方面。通過增加機台，減少輪班，可降低人事成本（如三班幹部人數、輪班津貼等）。此外，只上白天班的產能比輪班效率更高，只是同業不願將費用花在設備採購方面。

在工廠營運中，原料採購是關鍵環節。創辦人全得對於原料價格有特別的看法，他向供應商表示：「我們的公司能夠支付多少價格，是根據我們公司的能力所定出的價格，我們不會進行議價。但是，如果我們的採購價格一直高於市場價格，這意味著我們的能力不夠強，我們可能需要尋找其他供應商來合作。」在原料選擇方面，全得有其獨特的做法。例如，製造洗衣袋時，一般同業使用28針經編機台和40／12半光聚酯原絲，而全得使用24針經編機台和50／24半光聚酯原絲。這樣做降低了原料成本，並提高了產能和品質，客戶更為滿意。

曾有同業詢問創辦人，為何做出這些改變，創辦人回答：「因為我從客戶端的需求到製造端的物性都相當了解，才敢做這樣的改變。」

在財務方面，原料採購占據大部分成本。為了避免現金交易，全得與原料廠代理商合作，進行票期交易並保障品質。創辦人預見洗衣袋市場需求將持續增長，自創立工廠以來，每年從盈餘中撥款增購新設備，確保每日工作一班的政策，以應對未來產能需求。

在垂直整合方面，染整和定型市場需求巨大。全得初期設廠時，將胚布交給染整廠加工。然而，市場旺季時，價格和交貨時間不確定，影響後段加工流程。為解決這個問題，全得投資下游定型廠，以確保穩定的交貨時間，並進一步掌控品質要求。

面對競爭對手的低價策略，全得積極回應，並規劃低成本策略。首先，在貿易商階段，與原料廠代理商合作，獲取票期交易和品質保障。其次，在製造商階段，從設備端垂直整合，確保產品品質並降低成本。最後，在海外設廠階段，設立境外工廠降低生產成本。這些策略確保公司在市場上的競爭優勢，低價策略必須搭配低成本策略，才能在市場上長期立足。

企業採用低價策略的成功因素

全得公司的成功策略，揭示出全面了解行業供應鏈的重要性，並通過創新和有效的成本控制實現競爭優勢的可能性。全得的例子也表明，即使在主流市場以外，仍能找到成功的機會。

1.採取低價策略

高價並非提升商品價值的唯一方法，有時極其低廉的價格也能達到目標。成功的低價策略公司一開始就專注於低價格和高銷售量，例如全得以低於市場價格的行情進入市場，獲取較高的市占率。

2. 高效率的經營

成功的低價策略公司通常基於極低的成本和極高的運作效率來經營業務，即使以低價銷售產品，也能有很好的毛利和獲利。例如，全得公司利用垂直整合下游加工廠、改良設備增加日產能，以及增加設備數量等方式來提高效率。

3. 穩定的品質

產品品質不良或不穩定，即使以低價出售，顧客也難以接受。因此，長期成功需有穩定的品質。例如，金家公司利用改良設備、更換較粗原料等方式來降低成本，同時生產出比同業更厚、品質更優的洗衣袋。

4. 關注核心產品

為了節省成本，低價策略公司不會做任何與顧客需求無關的事情。全得公司始終專注於「洗衣袋市場」，將自身品牌塑造為「全得＝洗衣袋」的代名詞。

5. 專注於高成長、高營收

這樣可以創造規模經濟，降低成本，提高銷售量。全得從達到損益平衡的50萬個洗衣袋銷售量，成長到3500萬個銷售量，每年將盈餘投資於設備，以追求規模經濟帶來的效益。

6. 採購優勢

因為低價策略需要低成本原料的支撐，這意味在公平的手段中，需要採取較強硬的採購立場。

7. 極少的負債

全得公司以低價策略獲得成功的其中一個因素是極少的負債。為了避免洗衣袋的變動成本造成負債風險，全得公司採用了上游原料廠的票期交易方式，以提高財務靈活性。這種方式不但能夠降低借貸成本，還能減少對銀行或債券市場的依賴，使公司的財務更加穩健。

案例

福綠織造

高價策略的作法

運動鞋市場中，各大品牌紛紛推出訴求不同功能的新鞋款，而福綠作為重要的鞋材布料供應商，提供鞋面機能性布料及內裡布料等產品。福綠的成功關鍵在於穩定提供高品質產品、具備優秀的物性測試能力、多樣化產品，以及迅速交貨。

在行銷方面，福綠負責人曾振益深刻認識到鞋材面料市場的特性，不同於成衣市場的大量生產，鞋材面料市場強調小量多樣。許多同業追求大量生產、大量接單的規模經濟模式，成本較低，但價格成為競爭的主要因素。相反地，福綠選擇不同的路線，生產小量多樣的產品，接受其他同業不願接的訂單。儘管訂單多且小、布種複雜、損耗高，福綠依然不畏難題，贏得下游貿易商客戶的高度讚賞，他們願意為此付出更高的價格。

在生產方面，曾振益深知高價策略的基本要求在於「品質」。為了應對少量多樣的訂單，福綠比同業擁有更多的員工來支持其多樣化的產品，即使這意味著需要投入更多的人力成本。此外，福綠非常重視原料品質和交貨期限，因為從接單到交貨只有一星期時間。曾振益尋找2～3家固定供應商，以確保高品質和準時交貨。這些供應商由專業代理商負責原材料備貨和交運，以迎合下游客戶突如其來的訂單。

對於鞋面布料來說，紗線和組織變化是最重要的元素。品牌商經常要求福綠提供新開發的布料，因此研發能力的強弱決定了客戶下單的意願。福綠每年都獲得下游主要客戶選出的「最佳研發獎」，這需要大量的精力、技術和成本。因此，福綠在下游貿易商客戶中的聲譽很高，只要遇到難解決的布種，客戶就會想到福綠公司。

市場存在淡旺季差異，競爭對手的壓力也不可忽視。下游客戶常以福綠競爭對手的價格要求降價，曾振益仍堅持原價，因為他知道福綠提供的是價值而非價格。

福綠織造的成功案例顯示，企業不必跟隨主流，透過深入理解市場特性，結合創新策略和執行力，即使在競爭激烈的環境中也能取得成功。

企業採用高價策略的成功因素

首先，企業必須提供顧客所需的價值，才能維持高價策略。福綠公司致力於滿足下游客戶對於品質、物性、產品多樣性，以及快速交期的需求，提供多種方案來因應。

其次，研發是維持高價品牌的基礎。企業必須持續創新和改進產品，以提供顧客更高的價值。福綠公司長期投入大量資源在原料和布面組織的創新研發，以滿足下游客戶的需求，提升品牌價值。

第三，高品質是成功的高價產品廠商的基本條件。企業必須確保品質的一致性，同時保證其他服務的高水準。福綠公司在品質掌控的基礎上，強化研發、加快交貨期等服務，以創造競爭優勢。

最後，高價品牌應盡量避免降價，企業應該謹慎對待降價策略。因為過低的價格會危害品牌的價值認知。福綠公司一直堅持原本的價格，不因競爭對手的價格壓力而降價。因為他們知道，福祿提供的是價值而非價格，而且福祿的高品質、創新、快速交期等其他服務是客戶所需的價值。

—— 本章回顧 ——

1. 價格是消費者願意付出的最高代價，賣方接受的最低收入。
2. 價格對企業的意義：
   (1) 影響營業額與獲利：價格低銷量高，價格高銷量低。
   (2) 彈性競爭工具：價格由供需決定，調整迅速，是應對競爭的重要策略。
   (3) 產品與服務的價值：價格反映消費者對產品價值的認知，不同商家設定不同價格。
   (4) 價格傳達產品資訊：當消費者無法確定產品品質時，價格成為主要評價指標。
3. 市場定位策略：
   (1) 產品或服務定義：賣什麼產品或服務。
   (2) 目標市場定義：誰是目標客戶。
   (3) 競爭分析：競爭對手和產品價值。
   (4) 核心競爭力：長期致勝的特質或能力。

chapter TWO

影響定價的因素

影響定價的因素可歸納為兩種：
內部因素包括公司目標、產品特性、
成本、財務和行銷策略等；
外部因素則包括顧客需求、競爭環境、
供需狀況和商業模式等。

01 內部影響因素

根據Acobson等學者研究，企業在制定定價策略時，除了考慮公司的經營目標，尚須評估多個內部因素，包括產品、成本、財務面與行銷面等。

（一）定價目標

公司的目標是企業制定策略的方向，而產品定價是實現公司目標的一種手段。由於不同的企業目標和市場環境，產品的定價目標也會有所不同，需採用不同的定價策略。即使是同一家企業或同一產品，在不同階段亦須根據公司的目標訂定價格。因此，在制定價格策略時，必須充分考慮公司目標和市場環境，以確定最合適的策略。

1. 建立高品質形象

有些企業的定價策略旨在建立或維護高品質形象，尤其是許多國際知名品牌。這些品牌在定價時主要考慮的是顧客認知價值，而非成本，因此它們採取的是高價策略。此外，這些企業在價格折扣管理方面相當謹慎，以免破壞高價和高級的形象。例如，國際知名品牌汽車（如Bentley、Ferrari）、名牌服飾（如Louis Vuitton、Dior）等，均以建立高品質形象為主要目標。

2. 提高市場占有率

有些企業在定價策略上，並非以追求短期投資利潤最大化為目標，而希望透過定價策略協助拓展產品銷售量，迅速提高市占率，以創造市場領導地位。這種定價策略通常適用於價格敏感的市場，因為增加銷售量可降低單位成本，進而創造長期的利潤。因此，這種企業多採用低價策略，並使用各種促銷手法。在這種情況下，企業會設定明確的目標，例如在三年內提高市場占有率20%。

3. 牽制競爭者

有些公司為了避免競爭者的威脅，會採用低於競爭對手的價格，或與競爭對手相同的價格來對抗競爭。有些公司為了維護既有品牌形象，甚至會推出次品牌來配合這項目標。

競爭策略可以分為三種：首先是為了避免價格戰，因此選擇平價策略；其次是為了增加市占率，以打擊競爭對手的價格；最後是為了阻止新的競爭對手進入產品市場領域，採用低價策略。

4. 追求財務績效

有些公司制定定價目標的主要目的是為了增加現金流、提高利潤、提高投資回報率等。為了實現這些目標，公司需要對其固定成本、變動成本、消費者對價格的反應、市場需求量和競爭者的反應進行詳細評估。例如，企業可能會制定年度計劃，以提高獲利率18%為目標。在這種情況下，公司需要仔細考慮定價策略的影響，以實現其獲利目標。

5. 追求生存目標

企業為了生存，必須保持銷售量高於損益平衡點。不當的定價（無論過高或過低）都可能對銷售量造成負面影響，進而危及企業的生存空間。面對前景不佳的產品、產能過剩或財務困境，企業的定價目標可能是「勉強維持下去」。此時，定價策略通常只考慮變動成本，以攤提部分固定成本為目標。此外，在產品生命週期的衰退期階段，企業的定價目標應以追求短期利潤為主。

6. 追求短期利潤最大化

企業在推出新產品時，通常會採用高價策略，以追求短期內的最大化利潤，以期能夠快速回收投資報酬率。例如，MOTOROLA早期推出全球第一支中文輸入的「小海豚」手機，初期定價高達28000元，卻仍獲得了驚人的銷售成績。但隨著市場上不同手機品牌的普及，價格逐漸下降。

（二）產品因素

產品是影響定價的重要因素之一。產品因素包括市場價格、生命週期、差異化程度、獨特性、品質和定位等。對於產品生命週期來說，了解目前產品所處的階段，對於定價相當關鍵。例如，當iPhone 13手機剛上市時，處於高成長期，因此定價策略會比較高，以快速回收投資成本。相反地，當新機型上市後，舊機型面臨衰退期時，定價策略已不再適用，只有降價才能促銷產品。同樣地，如果產品具有高度差異化、創新性和獨特性，定價自然較高；反之，則只能根據市場價格定價。

（三）成本因素

在企業訂定產品價格之前，必須先了解產品的成本。成本是定價的基本要素，其計算公式為總單位成本＝銷貨成本（製造成本）＋管銷費用（廣告、行政、租金、折舊費用及其他費用的分擔）。若企業沒有特殊情況，通常會以產品的單位成本為基準，再加上一定的利潤，定出產品的售價。產品的成本分為「固定成本」和「變動成本」。固定成本是指不會因為生產量或銷售量的增減而改變的成本，如管理人員薪資、借款利息費用、機器與設備購置費用及折舊費用、研究費用和廣告費用等。變動成本則是決定價格的底線，是指隨著生產量或銷售量的增減而改變的成本，如原物料成本、現場工廠作業員的薪資和加班費等。

如果企業的製造成本、進貨成本或服務成本上升，就必須調漲價格。舉例來說，現今的成衣廠集中在東南亞國家，衣料貿易商接到訂單後，大部分成衣布料必須裝櫃外銷到越南或印尼。一般訂單的毛利率約為10%，接單到出貨的加工時間約25天，但由於2021年新冠疫情導致缺少空櫃，海運費用大漲20%，許多企業由於沒有預測到運費的漲幅，不但沒有獲利，甚至虧損。

因此，企業必須與上游供應商保持良好的關係，隨時注意原物料、零組件的趨勢變化以降低成本；對內控制人事成本、製造總成本與管銷費用的變化。這樣企業才能針對各種成本的變化，適當進行價格調整，維持該有的利潤。

（四）財務面因素

財務面因素主要考慮企業的財務表現與目標。有些國內集團或外商公司會為其子公司設定每年必須達到的財務績效目標。然而，國內企業以中小企業為主，其經營者多為老闆本身。因此，對於中小企業而言，財務績效的要求通常會因經營者個人意願而有所差異。這代表經營者對於企業的定價策略也會有所影響。

（五）行銷面因素

在行銷策略中，價格是實現公司行銷目標的工具，必須與產品設計、配銷和促銷政策緊密配合。目標價格通常決定產品的定位策略，例如，高效能產品需要顧客付出更高價格，以承擔較高的研發成本。一些公司透過差異化方式，讓顧客願意付出較高價格購買產品。在制定行銷策略時，需考慮行銷目標、市場定位、市場區隔與和品牌定位等因素。杜拉克提出了四種行銷狀況：在現有市場銷售現有產品、在新市場銷售現有產品、在現有市場銷售新產品和在新市場銷售新產品。根據這四種狀況設定不同的行銷目標，如滲透市場、開拓市場、開發商品和多角發展等，並採用不同的定價策略。

公司或品牌的定位，以及品牌在消費者心目中的地位，也是影響定價的重要因素。以2021年前十大名牌精品為例，包括Porsche、Gucci和Louis Vuitton等，消費者一提到這些品牌，就會聯想到高級、高價和高品質的精品。除了高價精品，還有許多平價品牌，如UNILO、H&M、GAP和ZARA等。一旦公司或品牌在消費者心目中定位，就很難改變其價格高低。例如，當消費者走進高價的星巴克和平價的路易莎時，已對星巴克需付出較高的價格有所認知。

02

外部影響因素

影響企業定價的外部因素，包含：顧客面、競爭面、供需面、商業模式，以及其他因素等。

（一）顧客面因素

企業必須了解，一項產品無法滿足所有消費者需求，因此必須確定目標客戶群。在此過程中，企業需考慮各種因素，如目標客戶的需求、消費心理、忠誠度、價格敏感度和價值觀等。目標客戶願意支付的價格上限，也是定價的重要依據。當目標客戶認為價格過高或不合理時，就會產生降價壓力。一般而言，價格與需求成反比，價格愈高，需求愈低。但某些情況下，價格愈高，銷售量反而愈高，這種現象在經濟學中被稱為炫耀財。例如，星巴克的主要客群是收入穩定的上班族或公職人員，對他們而言，品牌價值和知名度比價格更重要。星巴克提供的附加價值可以彰顯消費者的品味，因此企業在定價時，必須考慮消費者對產品地位和價格之間的關係。

此外，價格敏感度也是關鍵因素。價格敏感度低代表價格變動對需求影響不大，而價格敏感度高則代表價格略微變動，也會大幅影響需求。價格敏感度降低的因素包括：產品獨特性、消費者對替代品的資訊不足、產品品質難以比較、價格占購買者收入的比例小、必須與其他產品搭配使用，或產品具有炫耀性質等。因此，價格敏感度愈低，愈適合提高價位，以增加利潤。

（二）競爭面因素

在競爭者方面，了解產業現況及主要競爭對手的動態是相當重要的考量因素。根據經濟學理論，市場的競爭程度可分為完全競爭、壟斷性競爭、寡占競爭與獨占市場等四種結構，取決於廠商數量、買方對產品同質性的認知及進入障礙的高低等因素。根據表2-1，不同市場結構顯示出產品同質性、競爭程度與定價能力的不同相關程度。

市場類型	廠商數量	產品同質性	進入門檻	競爭程度	定價能力
完全競爭	多		高	大	低
壟斷性競爭	↓	高 ↓ 低	↓	↓	↓
寡占競爭					
獨占市場	少		低	小	高

表 2-1 四種市場類型比較

1.完全競爭市場

由於廠商數量眾多且產品同質性高，市場進入門檻低，因此很難有一家廠商擁有決定性的影響力。這種市場結構通常出現在日常用品、傳統原物料等大宗商品市場。由於競爭者眾多，產品成本資訊較為透明，廠商的定價通常會受到市場價格的影響，因此很難定出高價。

2.壟斷性競爭市場

廠商數量較多，產品同質性有一定程度的相似性，但部分產品具有異質性，無法完全取代。市場上的資訊一樣自由流通，但因為產品的異質性，消費者對於產品價值的評估較為複雜，資訊相對較不透明。例如，星巴克咖啡連鎖店可以根據店內特色、氣氛，訂出不同於市場的價格。由於競爭者狀況比完全競爭市場緩和一些，因此，星巴克的定價策略可比其他連鎖咖啡店更具彈性，並設定較高的價格。

3. 寡占競爭市場

僅少數幾家廠商壟斷市場。相較於完全競爭和壟斷性競爭市場，寡占競爭市場的價格通常會更高且較為穩定。以台灣為例，中油和台塑石油是兩家主要的石油公司，在市場上具有較大的市占率。另外，電信業也是寡占競爭市場的一種，台灣目前只有三家較具規模的電信業者，分別是中華電信、台灣大哥大、遠傳。這些廠商的產品定價通常會較高，因此獲利也相對較好。

4. 獨占市場

獨占市場和完全競爭市場截然不同，獨占市場幾乎沒有競爭者，只有一家廠商掌握市占率，因此可以完全決定產品價格。如果是國營事業，則會受到價格上限的管制，如台電公司、台北自來水公司等都是獨占事業，因為市場上只有一家企業提供相關服務或商品，所以消費者必須接受唯一供應者的定價。

在評估定價策略時，必須考慮整個產業的競爭情況，並分析主要競爭對手的動態狀況，如成本結構、銷售目標和定價策略等因素。例如，在完全競爭的市場中，存在超過十個品牌的激烈競爭，因此廠商難以定出高價策略。即使如此，仍須了解競爭對手的成本結構、銷售目標和定價方式，以作為企業定價的重要參考因素。相反地，如果進入門檻很高且產業競爭態勢很少，幾乎是寡占行業，如台北市的瓦斯公司只有一家，那麼他們的定價策略便可採取自己設定的方案。因此，在定價時，必須綜合考慮產業競爭情況，以及競爭對手的各種動態因素，才能做出最適切的定價策略。

（三）供需面因素

原料成本雖是影響價格調整的主要因素，但並非唯一的因素，尚須考慮供需情況。對於需求旺盛的產品，供不應求時可採取高於市場價格的策略；而需求不足的產品，則通常降價以加速銷售。因此，不同需求情況需採用不同定價策略。當價格上漲時，市場需求量通常會下降，而價格下跌時，市場需求量通常會上升。但有些產品銷售量與價格成正比，如具有社會地位象徵的珠寶和收藏品等。

舉例來說，2021年全球受到疫情衝擊，特別是越南的成衣製造業。由於越南的產能嚴重受限，許多國際訂單轉向其他製造地，導致台灣製造業收到許多轉單，補滿了閒置產能。雖然此時全球景氣普遍看淡，原油價格下跌，但台灣製造商並未降價，因需求持續強勁，且無多餘產能接受新訂單。

對於下游客戶，他們更注重準時交付訂單，而非價格。在這種情況下，即使原物料或原油價格下降，由於製造商的產能已被充分利用，客戶也不太可能等待降價。因此，即使原料或其他成本下降，強勁需求和有限供應仍可能使價格保持不變或上升。

（四）商業模式

要制定有效的價格策略，企業必須了解自身的商業模式、營收來源和成本結構對銷售量和利潤的影響，以及如何解決客戶問題。馬克．強森將商業模式定義為「以顧客價值主張、利潤公式、關鍵資源、關鍵流程等四大因素為基礎，持續創造顧客價值與企業利潤的商業藍圖」。吉列刮鬍刀的商業模式是一典型例子，其主要是以低價或免費的方式提供商品，再透過長期販售耗材或零件獲取利潤。這種商業模式的價值主張和利潤公式如下：

- **價值主張：**消費者以低價或免費購買產品，並在購買耗材時支付費用。
- **利潤公式：**透過高利潤的耗材或零件，長期獲利。

吉列的商業模式被其他產業效法，例如影印機以影印費為主要營收來源，行動電話以月租費為主要收入來源。這些公司通過提供低價或免費產品吸引客戶，然後透過其他商品和服務賺取利潤。彼得・杜拉克曾說過：「現代企業的競爭已經不是產品之間的競爭，而是商業模式之間的競爭。」如果企業無法了解自身的商業模式，則難以制定出有效的價格策略。

（五）其他因素

除了內部因素，企業在制定定價策略時，也需要考慮外部環境因素，包括政府政策、消費者心理和企業產品形象等。外部環境中的法律法規、產業政策、國際貿易和國際規範、匯率、人口結構和社會變化等因素，也可能影響企業的定價策略。例如，政府的貨幣政策可能會影響匯率，進而影響進口產品的價格。消費者心理和企業形象也可能會影響價格定位，例如，高端品牌通常定價較高，而大眾市場的產品通常定價較低。

至於國際貿易和國際規範也可能對定價產生影響。例如，國際市場的平均價格可能會影響企業在國內市場的定價策略。人口結構和社會變化，如人口老化和少子化，也會影響企業的定價策略。

影響因素		定價高低
定價目標	建立高品質形象	高價策略
	提高市場占有率	低價策略
	牽制競爭者	低價策略
	追求財務績效	高價策略
	求生存目標	成本價或低價策略
	追求短期利潤最大化	需求彈性大定低價； 需求彈性小定高價
成本因素	固定成本＋變動成本	保有成本的價格
	總成本＋目標利潤	目標利潤價格
	變動成本	邊際收益價格
產品面因素	互補品	主產品定低價；副產品定高價
	替代品	維持相同價格
	生命週期階段	不同階段分別制定不同價格
	產品差異化高	高價策略
	產品差異化低	低價策略
	產品品牌形象	形象高定高價
顧客面因素	顧客議價能力	議價能力強定低價； 議價能力低定高價
	顧客價格敏感度	價格敏感度高定低價； 敏感度低定高價
供需面因素	買方市場	低價策略
	賣方市場	高價策略
競爭面因素	競爭對手實力較大	低於競爭對手價格
	競爭對手實力相當	跟隨競爭對手價格

表2-2 企業定價考慮因素及價格策略

案例

中宜化纖廠

定價策略的挑戰與解決

中宜化纖成立於1960年，位於雲林，主要生產聚酯加工絲與原絲，使用乙二醇及對苯二甲酸為原料。中宜與約20家競爭廠商共同分擔市場，年產量約為10萬噸，占整體產業的8%。其產品銷售給下游織布廠，經過染整加工後，最終製成運動服飾、運動鞋、運動背包等。

相較於其他競爭廠商研發差異化產品，中宜堅持生產一般大宗規格產品，採用計畫性大量生產，減少損耗，降低成本。這種直紡流程的計畫性生產方式，雖然導致產品規格較少，但成本優勢明顯。然而，計畫性生產需承擔庫存風險。如果隔月原料價格下跌，未銷售的庫存將面臨跌價損失。此外，下游織布廠遍及全台，運輸費用也不少。然而，中宜的產品品質在下游客戶中被認為屬於第二級，南亞化纖則是龍頭企業。

中宜化纖的定價一直是道難題，為了解決問題，廠長邀請市場部、研發部、生產部和財務部負責人開會，共同研究定價策略。會議上，市場部負責人提到內部因素，包括定價目標是追求高利潤或擴大市占率。此外，產品品質和市場定位也是影響定價的關鍵因素，中宜化纖的產品應該是高品質或價格親民，需要仔細考慮，而生產成本、庫存成本和運輸成本也必須納入考量。

然而，財務部負責人卻表示，外部因素也非常重要。下游客戶的需求和下游貿易商的市場需求，都會影響定價策略。如果客戶需要低價產品，中宜化纖需針對此需求制定價格。競爭對手的價格和庫存量也是考慮因素，若競爭對手降價，中宜化纖也需降價，以保持市場競爭力。研發部負責人則表示，中宜化纖可透過研發提升產品品質、降低生產成本，提高產品市場價值，進而在市場上占據有利地位。

經過多次討論，中宜化纖廠最終決定，定價需同時考慮內外部因素，並將持續進行研發，以降低生產成本、提升產品品質。同時，也將密切關注市場競爭狀況，針對客戶需求進行定價，以開拓市場和擴大銷售量。經過深思熟慮和詳細討論，中宜化纖制定了一個綜合考慮內外部因素的定價策略，以確保公司的競爭優勢和獲利能力。

此個案突顯了跨部門合作和深入分析的重要性，有助於在競爭激烈的市場中找到合適的定價方案。

本章回顧

1. 企業制定價格時需考量內部和外部因素，並對應低價、平價和高價策略。
   (1) 低價策略：適合價格彈性高、需求量大、易生產、生命週期成熟且能通過規模經濟降低成本的產品。企業也會採用低價策略以提高市占率、牽制對手或求得生存。
   (2) 平價策略：適合市場供需平衡、競爭均衡的產品。
   (3) 高價策略：適合顧客對產品認知度有限、差異性高、被壟斷、專利產品或具有高知名度的產品。若追求高品質形象、財務績效或處於賣方市場，也可採取高價策略。
2. 在運用內外部因素制定價格時，企業需把握以下時機：
   (1) 新產品上市：需設定既能吸引消費者，又能覆蓋成本的價格。
   (2) 市場競爭激烈或環境變化：調整價格以因應變化。
   (3) 產品升級或添加新功能：重新訂定價格。
   (4) 財務狀況變化：例如需要增加營運現金流時，應調整價格策略。

chapter THREE

定價流程

許多經理人在為新產品定價時，
僅依據成本加上合理利潤，欠缺深入分析。
銷售不理想常歸咎於定價過高，
產品熱銷則檢討是否定價過低，
卻很少從定價流程與策略角度進行反思。

01

定價規劃

企業在制定價格時，必須考慮多種因素，包括客戶的支付方式、金額、時間、條件和地點。因此，管理價格需要系統性地思考以下五個主要因素：價格目標、價格策略、價格結構、價格水平和價格促銷。然而，許多管理者仍使用現有的定價方法，或僅參考競爭對手的價格，制定略高於成本的固定價格，以期在短期內獲利而避免虧損。但這種思維過於簡單，管理者應深入思考並綜合考慮各種因素，才能制定出最適合企業的定價策略。透過系統性的定價策略，企業可以更好地滿足客戶需求、提高獲利率，並在競爭激烈的市場中保持領先地位。

（一）價格目標

經理人在制定定價策略時，應考慮企業的銷售目標，並設定可以量化的績效指標，透過定價手段達成特定目標，如塑造高品質形象、提高市占率、牽制競爭對手、追求財務績效、求生存，或追求短期利潤最大化等。因此，經理人需深入分析市場需求、競爭情況、消費者行為和產品成本等因素，制定出符合企業發展需要的定價策略。

（二）價格策略

定價策略是指企業在確定目標後，透過一系列計畫和行動來實現定價目標。透過策略的制定，企業可更有效率地達成目標，避免因缺乏執行計畫而浪費資源。例如，如果企業的目標是提高市占率，則可能制定相應的策略，如選擇合適的市場區隔，利用區隔市場中較大的經銷商滲透定價法進行銷售，以提高市占率。這樣的策略制定可以有系統地考慮目標和手段，提高企業績效並獲得競爭優勢。

（三）價格結構

在制定價格時，企業應設計一套完整的價格組合架構，包含產品與服務，並根據不同的因素進行價格調整。例如，可根據是否為套裝產品或服務，採用不同的定價方式；根據不同的客戶群體，利用市場區隔來制定差別價格；依據時間差異來制定早鳥價格或午夜場價格等；另外，還可針對不同的付款方式，如現金折扣或會員優惠，制定不同的價格方案。由於消費者對於相同商品的認知價值可能不同，企業可利用這一點，根據消費者的認知價值高低，制定不同的價格，進而將利潤最大化。

（四）價格水準

企業在開發產品時，難以創造出獨一無二的產品，市場上也會存在相似的競爭產品。因此，企業可以參考這些競品的市場價格，以了解自身產品價格的合理範圍。此外，對於同一條生產線所生產的不同功能產品，亦需訂定不同的價格差異化策略，以適應消費者對產品的不同需求。

（五）價格促銷

價格促銷是一種旨在提高產品銷售量、短期利潤或提高品牌知名度的促銷策略，如會員折價券、買五送一、第二件免費、現金回饋等，旨在刺激消費者購買行為，並在短期內增加銷售量。

聰明定價的六項考量

企業和客戶在定價考量上存在明顯差異。企業希望產品定價能帶來較高利潤，但也擔心定價過高會失去客戶。而客戶則希望價格愈低愈好，同時能夠買到高品質的產品。因此，公司應該透過以下幾項原則來思考定價。

（一）市場區隔策略，確實為個別顧客和產品，量身訂定價格

當企業推出新產品時，通常希望提高銷售量，但往往只著重於價格策略，而忽略了市場策略。為了賣出更多產品，企業經常採用降價策略或提供折扣優惠。然而，當提供高價值產品時，企業可能會考慮提高利潤而制定較高的價格。企

業應該採用更詳細的定價策略，根據不同客戶與產品的組合訂定合適價格，並運用不同策略來滿足不同客戶需求，以獲取最高利潤。

除了提高價格，企業還可透過提供高品質服務，創造更高價值，從而增加客戶的採購量和荷包占有率。此外，企業可運用市場區隔策略，找出不同市場區隔客戶的需求，並採用差別定價法，以獲取更多效益。

在制定個別客戶的價格時，企業需考慮三個因素：首先，了解客戶的真正需求，並評估能為對方創造多少價值；其次，了解產業內的替代方案和競爭程度，評估價值差異；最後，評估與個別客戶交易後，扣除折扣、運費、付款條件及庫存等支出後，企業的實際獲利能力。

對於同一種產品而言，不同客戶群體的認知價值各不相同，企業難以制定適用於所有客戶的單一價格策略。以台灣領先的紡織纖維原料製造商台亞化纖為例，其生產的吸濕排汗纖維原料，在下游織布廠經過不同加工和染色後，可製成500元的平價運動服，也可製成3000元的高價自行車服。台亞化纖作為市場龍頭，提供的產品品質卓越，因此無論是平價運動服或高價自行車服，都能提供符合客戶需求的優質紗線。由於下游客戶的最終產品用途不同，所創造的價值亦不同，台亞化纖對不同市場區隔的產品，制定不同的定價策略。例如，自行車服市場對紗線品質的要求更為嚴格，若產品出現異常，賠償金額也較高，因此台亞化纖對自行車服的定價較高。這樣，相同的吸濕排汗纖維產品，台亞化纖會根據不同市場區隔，制定不同的價值定價策略。

（二）用定價建立顧客關係，以關係為重，而非交易

在B2B市場中，許多企業在定價新產品時，往往希望制定出市場能接受的最高價格。特別是當企業認為自身產品優於競爭對手時，會設定更高的利潤率。然而，這種作法可能忽略了其他提高總獲利的策略，並損害與客戶的關係。因此，企業應考慮價格對客戶心理的長期影響與短期經濟效益。例如，台亞公司推出的超細纖維在生產時加強了染色性判定，降低了下游客戶的加工風險，進而帶動了高銷售量。儘管業務員認為微幅調漲或大幅提高價格，短期內不會影響銷售量，但台亞經理人仍決定維持原價銷售。因經理人認為維持原價有助於提升公司形象，有利於未來新品上市與銷售；同時，現有客戶也會成為公司的銷售推手，分享台亞產品的優點，進而增加其他客戶的購買意願。因此，這種定價方法捨棄部分短期利潤，為未來銷售奠定良好基礎。

相反地，如果客戶認為價格過高，即使只比成本高一點點，只要超過心理預期，他們就會覺得不合理。客戶通常希

望價格愈低愈好，但企業若一味關注價格，將忽略其他重要因素。因此，企業應讓主要客戶的採購者、使用者（如廠長）明白為什麼要選擇比競爭對手更高價的產品，進一步讓客戶了解產品與競爭對手的價值差異，並提供相關資料佐證這項價值差異。

舉例來說，位於雲林的長鑫織布廠擅長生產和開發特殊運動鞋面料，並研發出一系列差異化布種，吸引了許多品牌商的合作研發。然而，由於需要使用多樣化的特殊原料紗線，每月至少需要50種紗線規格，而部分紗線原料的交貨期常常過慢，導致訂單延誤，不僅增加下游客戶的空運費用，還損害客戶對長鑫的信任感。幸好，上游供應商良瑋深刻了解這些問題，並提出解決方案。首先，良瑋與長鑫經常討論替代規格和安全庫存量，以應對市場淡旺季的不同需求。其次，基於長鑫的研發優勢，良瑋定期提供新品資訊和樣品試樣。透過充分的溝通解決了長鑫的問題，因此長鑫也願意付出較高的價格採購良瑋的產品。

如果企業能證明其產品或服務，可幫助客戶創造更高的銷售額和利潤，除了能夠設定更高的價格，還能提高客戶的忠誠度。

（三）主動積極的定價

許多企業在定價上往往是被動的，只有在競爭對手調整價格或客戶抱怨時才會做出改變。然而，要在市場中創造價值，企業必須積極主動地定價，並擔任價格領導者的角色。這不僅包括率先調整價格，還需要推出新的價格結構和定價方式，並根據公司的潛在目標客戶群和不同定價策略可能帶來的反應，以進行修正。

以亞馬遜為例，他們成功地利用積極定價來吸引和獎勵顧客。透過市場調查，亞馬遜發現顧客最關心的是運費支出和等待交貨的時間，因此在2005年推出了Amazon Prime付費訂閱服務。顧客只需每年支付79美元的年費，即可享受免費快遞送貨服務（在某些地區為一天），以及音樂和影片串流媒體服務。這項優惠措施對於消費會員更具吸引力，並且鼓勵他們更加頻繁地到亞馬遜消費，從而改變了他們的購買行為。會員因為有Prime的優惠刺激下，購買次數和金額都有所提高。在2008～2010年的金融海嘯期間，亞馬遜的股價逆勢成長300%，整體業績增長30%，而這些成長主要歸功於Amazon Prime方案。截至2018年4月，全球已有超過1億名會員加入了亞馬遜Prime服務。

YouTube是全球極大的影片搜尋和分享平台之一，自2005年成立以來，不斷創新推出各種服務。其中，2014年推出的YouTube Premium是一種付費串流媒體訂閱服務，旨在提供會員更好的觀影體驗，並允許會員下載無廣告的影片，以便在任何時候、任何地點觀看。截至2021年，這項服務的會員數已經達到了5000萬。因此，企業如果能夠主動積極地定價，並率先推出領先同業的定價方法，也可以為企業帶來可觀的收益。

（四）顧客價格敏感度

價格敏感度（Price Sensitivity）是指消費者對產品價格的敏感程度，以及這些變化對消費者需求的影響。如果顧客對價格敏感度較高，價格便成為他們購買決策中的主要考慮因素，一旦價格變動，便會顯著影響他們的購買行為。例如，當中油宣布下週油價將調漲時，許多車主會趕在漲價前加油，表示這些車主對油價的價格敏感度較高。對於一般的日常消費品（如白米、糖、鹽、醬油和衛生紙等），顧客的價格敏感度通常相對較高。

相反地，如果顧客對價格敏感度較低，價格變動通常不會對他們的購買決策產生太大影響。例如，當顧客計劃旅遊時，他們通常會關注機票價格，並選擇非高峰時間出發以節省成本。然而，當他們需要公務出差時，由於公司通常會負擔機票費用，他們對機票價格的敏感度便相對較低。

了解價格敏感度的概念和影響因素，對企業調整產品價格具有重要的參考價值。然而，不同顧客對同一產品的價格敏感度不同，且在不同情境下也可能會改變。首先，產品的替代品多寡會影響顧客對該產品的價格敏感度。如果替代品多，顧客更容易取得其他選擇，價格敏感度就較高。此外，產品的重要程度和獨特性也會影響價格敏感度，若產品重要性或獨特性高，替代品較少，顧客對價格的敏感度相對較低。對於消費者難以判斷品質的產品，價格敏感度通常也較低。例如，高價香水的銷售量對價格影響較小，因為消費者認為高價代表高品質。

其次，企業的定價策略也會影響顧客對價格的敏感度。若企業採取高價策略，消費者可能會因品牌形象和品質等原因而接受較高價格。一些廠商會推出降價方案以提高銷售量，但過度頻繁的促銷活動可能會提高顧客的價格敏感度，導致他們只在促銷時購買。第三，消費者的年齡和金錢使用能力也會影響價格敏感度。年輕顧客可支配的金錢較少，因此對價格更為敏感。此外，消費者對產品的知識、產品的可比較性、替代方案的易得性、更換供應商的成本等因素，也會影響價格敏感度。最後，產品的競爭狀況也會影響顧客對價格的敏感度。若相似產品的功能差異性不大，價格敏感度會較高。例如，在B2B交易中，部分廠商以價格導向為主，較不注重長期關係與公司形象，而以降低成本為主要考量。

（五）競爭對手的反應

在制定或調整價格時，企業應該像下棋一樣謹慎思考，需考慮多步棋後，全面預測競爭對手的反應。企業必須換位思考，以競爭對手的角度來思考，預測他們可能採取的反應。一旦競爭對手做出激烈反應，原本看似明智的定價策略可能會變得十分愚蠢。

例如，1995年《蘋果日報》剛創刊時，香港報紙的售價為5元。為了搶占市場，《蘋果日報》決定將售價定為2元，並附贈一顆蘋果，在便利店販售，以低於成本價的策略吸引消費者，成功搶占市場。其他報業為了生存也紛紛降價，引發報業的價格戰，有些報紙甚至降到1元，導致12月份有四份報紙關門大吉。《蘋果日報》的降價策略引發了價格戰，讓僅存的報業公司未獲得任何好處，反而利潤更少，這是最不理想的結果。

在企業調整價格之前，須先評估競爭對手對於價格波動所做出的反應，並考量以下因素：

（1）競爭產品的成本結構優勢

（2）過去競爭者對於定價行為的反應

（3）市場需求量的多寡

（4）公司與競爭者產品線之間的競爭關係

(5) 競爭者可運用的生產產能

(六) 與競爭產品比較，在顧客心中的相對價值為何

市場競爭不僅僅依賴價格，客戶更看重產品或服務所能帶來的價值。因此，在定價之前，企業應該將自身的產品或服務與競爭對手進行比較，找出差異點。客戶購買產品或服務，除了價格之外，一定有其他需求或問題需要解決。對於產品或服務的價值評估，應注意以下幾點：

(1) **能立即回答客戶疑問：**提供迅速且準確的回答，能提高顧客的滿意度，減少等待時間，讓他們更有信心地購買產品或服務。

(2) **能在初次接觸時解決客戶問題：**可節省顧客的時間和精力，並增加顧客對產品或服務的信心和信任度。

(3) **產品保固與維修成本：**提供良好的保固與維修服務，降低顧客的風險感，並增加顧客的滿意度和忠誠度。

(4) **產品或服務的能源消耗程度：**能源消耗愈低，顧客愈可能選用這個產品或服務，因為這樣可以節

省資源並保護環境。

（5）**公司對顧客的服務能力：**良好的服務能增加顧客的滿意度和忠誠度，讓顧客知道企業可以解決他們的問題。

（6）**產品交貨速度：**如果企業能在競爭者之前提供更快的交貨時間，顧客可能更願意選擇這個產品或服務，因為他們可以更快地使用。

（7）**產品或公司聲譽：**良好的聲譽能增加顧客對企業產品或服務的信任，因為他們認為這是一個值得信賴的企業。

（8）**產品或服務的創新性：**創新的產品或服務具有獨特的特色和功能，能吸引顧客的興趣和購買意願。

（9）**企業與顧客之間的人際關係：**建立良好的人際關係，讓顧客感受到企業的關心和尊重，進而提高他們對企業的信任和忠誠度。

綜合以上比較，企業應將客戶需求與產品特性加以比較，並強調其產品或服務的優勢，例如快速且即時的客戶服務、解決客戶問題的能力、產品的保固與維修成本、能源節省、快速交貨、良好聲譽、創新的產品或服務，以及良好的人際關係等。透過這些優勢，企業可以在市場競爭中脫穎而出，提高自身產品或服務的相對價值。

03

正確的定價步驟

價格是客戶判斷價值的重要指標，公司在定價時，最直接面對的問題是選擇哪一個價位？以及應該低於或高於市場價格多少。因此，定價是一個非常複雜的過程。對企業來說，定價不但會影響顧客的購買意願，還會直接影響公司的市占率與獲利能力。此外，定價還會對競爭對手、供應商、經銷商和政府產生影響。

科特勒（Philip Kotler）在《行銷管理》一書中提出，「企業將價格作為主要的策略工具時，就可以根據市場區隔的價格與成本制定客製化定價。」企業要制定出合適的價格，必須建立一套系統性的方法，首先應確認公司的定價目標，接著調查市場需求數量、考慮成本、分析競爭者產品與價位、選擇定價方法，最後訂定出合適的價格。

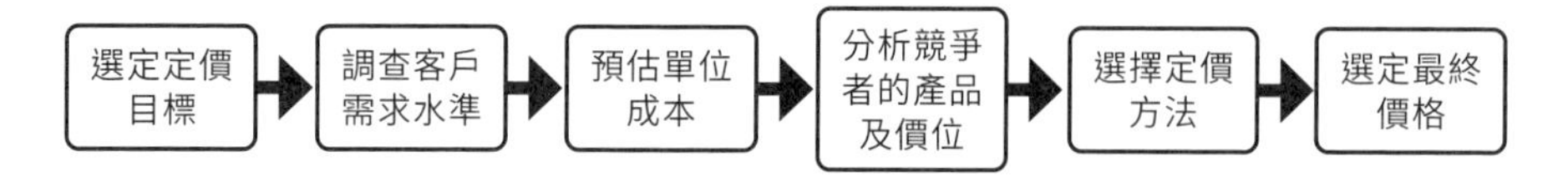

圖3-1 定價步驟

（一）選定定價目標

在定價流程中，確認定價目標是首要的關鍵因素。當價格成為行銷組合的主要工具時，定價策略應與企業的策略目標及產品行銷目標相互配合。企業目標的確立提供行動方向的指引，並需要一系列的任務組合來完成。管理者必須清楚企業的期望目標，以避免企業失去策略方向。若企業成員不了解企業目標，就無法實現這些目標。

1. 建立高品質形象

有些企業的定價目標是建立高品質形象或維護良好企業形象，而大多數國際知名品牌都以建立高品質形象為目標。在定價時主要考慮顧客認知價值，而非以成本為基礎進行考量，因此他們採取的是高價策略。此外，追求高品質形象的企業在價格折扣管理方面相當謹慎，不會輕易破壞高價和高級的形象。例如，國外知名品牌汽車（如Bentley）、名牌服飾（如Louis Vuitton）、名牌皮件（如Gucci），以及名牌化妝品（如Lancome）等，均以建立高品質形象為主要目標。

2.提高市占率

有些企業希望透過定價策略，協助拓展產品銷售量、迅速提高市占率，以創造市場領導地位。這種定價策略通常適用於價格敏感的市場，因為銷售量的增加可以降低單位成本，進而創造長期的利潤。因此，這類企業多採用低價策略，並使用各種促銷手法。此時，企業會設定明確的目標，例如在三年內提高市占率20%。

3.牽制競爭者

有些公司為了避免競爭者的威脅，會採用低於競爭對手的價格，或與競爭對手相同的價格來打擊競爭。有些公司為了維護既有品牌形象，甚至會推出次品牌來配合這項目標。競爭策略可以分為三種：首先是為了避免價格戰，因此選擇平價策略；其次是為了增加市占率，以打擊競爭對手的價格；最後是為了阻止新的競爭對手進入產品市場，採用低價策略。

4.追求財務績效

有些公司制定定價目標的主要目的是為了增加現金流、提高利潤和提高投資回報率等。為了實現這些目標，公司需要對其固定成本、變動成本、消費者對價格的反應、市場需求量和競爭者的反應進行詳細評估。例如，企業可能會制定年度計畫，以提高獲利率18%為目標。在這樣的情況下，公司需要仔細考慮定價策略的影響，以實現其獲利目標。

5. 求生存目標

企業為了生存，必須保持銷售量高於損益平衡點。不當的定價（無論過高或過低）都可能對銷售量造成負面影響，進而危及企業的生存空間。面對前景不佳的產品、產能過剩或財務困境，企業的定價目標可能是「勉強維持下去」。此時，定價策略通常只考慮變動成本，以攤提部分固定成本為目標。此外，在產品生命週期的衰退期階段，企業的定價目標應以追求短期利潤為主。

6. 追求短期利潤最大化

企業在推出新產品時，通常會採用高價策略，以追求短期內的最大化利潤，以期快速回收投資。例如，MOTOROLA早期推出全球第一支中文輸入的「小海豚」手機，初期定價高達28000元，卻仍獲得了驚人的銷售成績。但隨著市場上不同手機品牌的普及，價格逐漸下降。

（二）調查客戶需求水準

在確認定價目標後，企業的下一步應該是了解消費者的需求水準，因為需求和價格之間存在著明顯的關聯。許多公司在制定價格之前，並未充分調查產品的需求情況，這樣制定出的價格風險會非常高。根據一般經濟學理論，需求曲線呈現負斜率，即價格下降時，需求量會增加；價格上升時，需求量會減少（如圖3-2）。需求曲線的斜率取決於多種因素，包括顧客需求、預算、購買行為、顧客知識、認知風險以及競爭條件等。因此，需求與價格呈現負相關，如果廠商提高價格或競爭對手降價，廠商的產品需求量就會下降。因此，在定價之前必須了解顧客的需求水準，主要是了解在不同價格下，顧客的實際需求量。此外，在預估需求量時，可以參考過去的價格、銷售量、顧客調查等資料，分析顧客需求和價格的變化，找出顧客願意支付的價格上限。

除了需求曲線圖，還有一些產品並不適用於此模型。根據經濟學家韋伯倫（Thorstein Veblen）的研究，某些產品的價格愈高，消費者就愈會把它們當作地位、品味、財富等象徵，這些產品的需求量反而愈大，這種現象被稱為炫耀財（conspicuous goods）。這是因為產品價格的一部分被認為是「虛榮心」的附加價值，而不依循常態分布。例如，名牌跑車、鑽石、名牌包等產品，包括Cartier、Fendi和Tiffany

等品牌的珠寶、鑽石和手錶，它們的價格可能高達數十萬元，甚至數百萬元，這些品牌產品的炫耀價值被視為主要的消費動機。

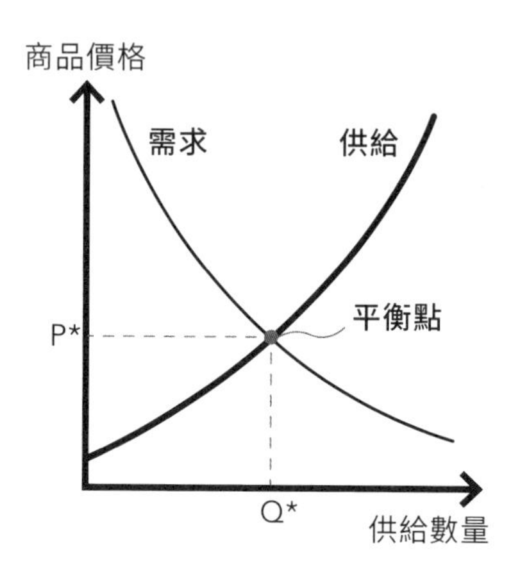

圖 3-2 供需曲線

根據圖3-2可知，正斜率的線條代表供給曲線，顯示在不同價格下，生產者願意提供的產量；而負斜率的線條則是需求曲線，顯示在不同價格下，消費者願意購買的產量。這兩條曲線相交的點被稱為均衡點，表示價格和產量達到均衡。

（三）預估單位成本

價格制定的正確性取決於對產品成本結構的全面了解。了解產品的單位成本是決定價格下限的關鍵。企業的成本可以分為「固定成本」和「變動成本」。固定成本是指不受製造或銷售收入影響，保持不變的成本，如企業每月必須支付的房租、利息、薪水等；而變動成本則隨著產品數量而變動，如生產原料成本、包裝材料成本、運輸成本、與產量相關的直接人工成本等，每單位成本會因生產數量而改變。總成本指的是在一定的生產數量下，固定成本和變動成本的總和。此外，企業銷售量增加時（生產量也增加），每一單位產品成本會隨之下降。為了制定合理的價格，企業必須在不同生產數量下，掌握影響成本變動的因素。例如，生產100萬雙運動鞋和生產20萬雙運動鞋的成本將有很大的不同。

（四）分析競爭者的產品與價位

在制定產品價格的過程中，企業必須界定產品的需求，找出顧客對產品的認知價值上限，作為定價的上限。同時，預估產品單位成本，確定定價的下限。此外，分析競爭者的產品和價格，有助於企業在上下限之間選擇一個適合且具有競爭力的價格。如果企業產品的特點是主要競爭者所沒有的，或對顧客具有很大價值，那麼在定價時，可以根據競爭對手產品的價格加上這些特點的價值，制定比競爭者更高的價格。錯誤的定價策略可能引發不必要的價格戰。尤其是對於領導廠商或市占率較高的品牌，應深入分析、比較、評估，制定最具競爭力的價格策略。

（五）選擇定價方法

在制定產品價格時，企業需綜合考慮企業目標、顧客需求、成本結構與競爭者價格等多種因素後，選擇適合的定價方法。目前市場上常見的定價方法有以下六種：

(1) **加成定價法：**在產品成本的基礎上，加上一定的加成率，決定產品價格。

(2) **目標報酬定價法：**根據企業希望達成的利潤目標，設定產品價格。

(3) **認知價值定價法：**以顧客對產品的認知價值為基礎，來決定產品價格

(4) **價值定價法：**透過分析產品所提供的價值，以決定產品價格。

(5) **比價定價法：**參考競爭對手的產品價格，決定產品價格

(6) **拍賣式定價法：**透過拍賣的方式，由市場決定產品價格。

（六）選定最終價格

企業在選擇定價方法後，必須縮小最終價格範圍，以確定最終價格，並考慮以下幾點：

（1）**心理因素：**有些消費者認為價格愈便宜愈好，但也有些消費者認為「便宜沒好貨」，只要消費者認為產品有價值，即使價格較高也能賣得好。因此，企業在定價時必須考慮顧客的心理因素。

（2）**公司的定價政策：**企業必須考慮公司過去的定價政策是否一致。如果不一致，必須找出原因並思考是否需要調整，以及調整後能否帶來更好的效益。

（3）**定價對相關團體的影響：**企業的相關團體包括營業單位、行銷單位、政府機關、消費者團體、通路團體和媒體等。例如，當水電費、計程車費、公車費、高鐵票價、航空機票、瓦斯費等民生基本消費品漲價時，都會引起討論和關注。

（4）**品牌品質和競爭對手的廣告支出：**品質高且廣告支出較高的品牌可訂定較高的價格，反之，只能訂定較低的價格。例如，國內勝利羽毛球因品質高且廣告支出較高，定價也比其他品牌高。

影響產品定價的主要因素包括成本、需求和競爭者的價格。然而，很多企業在定價時，只考慮其中一個因素。例如，只考慮成本因素，而使用成本加成法進行定價是錯誤的。了解客戶需求是第一步，評估在每個區隔市場中，客戶所願意支付的價格上限。接著，分析產品的平均成本，這是產品長期的價格下限；同時分析產品變動成本，也就是產品短期的價格下限。企業若訂定低於平均成本的價格，長期而言將導致虧損；若價格低於變動成本，則從短期角度來看，應考慮放棄該產品。最後，在進行定價前，應評估競爭對手的價格，了解產品的差異點，以及顧客心目中對於公司產品與競爭對手產品價值的評估。綜合以上因素，選擇一個適當的價格作為最終定價。

chapter FOUR 各種定價方法

在日新月異的市場環境中，
若仍採「一個價格走遍天下」模式，
將難以應對激烈的市場競爭，
必須採取更靈活的定價策略，
根據市場需求與競爭狀況，訂定合適價格。

01 成本導向定價法

成本導向定價法是以成本為基礎的定價法，可分為成本加成定價法、目標利潤定價法。

（一）成本加成定價法

以「成本考量」的定價法，也就是在決定售價時是根據成本來定價，以數學公式表示：

價格＝成本＋（成本 × 加成百分比）

例如，某支原子筆的單位成本是20元，假設成本加成是50%，帶入公式後，售價為20＋（20×0.5）＝30元，毛利為10元。

成本加成定價法是產業普遍採用的定價方式，因為它具有四項優勢。首先，成本加成定價法簡單易行，企業只需預估銷售目標、計算單位成本，再加上固定利潤，即可制定價格，只要用計算機就能輕鬆算出售價。其次，這種定價法公平透明，例如，全聯超市便以2%的獲利定價，讓消費者購物時，只需考慮價格以外的因素。由於市場成本結構日益透明，成本加成法讓顧客認為價格公道，不會過高。第三，成本加成定價法有助於實施成本領導策略，例如，好市多規定店內商品加成不超過14%，再加上大量採購的低成本優勢，讓顧客覺得很划算。最後，成本加成定價法確保企業擁有一定利潤，不會承受價格制定帶來的壓力。

（二）目標利潤定價法

目標利潤定價法是一種企業訂定產品價格的方法，以特定的獲利目標為基礎，通常廣泛應用於製造業。這種方法必須進行損益平衡分析，以確定達到損益平衡點所需的銷售量和價格。當收入等於支出時，企業可以持續經營，而超過損益平衡點時，即可達到盈利目標。找出損益平衡點需考慮產品售價、公司的固定成本和變動成本等因素。

達到損益平衡的公式如下：

- **總銷售額＝總成本**
- **銷售量×價格＝固定成本＋（銷售量×變動成本）**
- **銷售量＝固定成本／（售價－ 單位變動成本）**

假設某成衣廠的固定成本為50萬元，每件衣服的變動成本為300元，而每件衣服的售價為500元。在已知固定成本、變動成本和售價的情況下，損益平衡分析旨在找出營收等於總成本的銷售量。當銷售量達到損益平衡點時，公司的利潤為零，而超過損益平衡點的銷售量將帶來不同的利潤。

損益平衡分析是企業預測價格和需求量之間關係的一種方法，以訂定合適的價格。例如，成衣廠預期以每件500元的價格銷售3500件衣服，可獲得20萬元的利潤。如果不符合利潤目標，則需調整成本或價格，重新預測銷售量，以訂定更適當的售價。例如，成衣廠發現20萬元的利潤未達到目標，因此在分析後，預期以每件450元的價格銷售5000件衣服，此時可獲得37.5萬元的利潤，便符合其利潤目標。

目標報酬定價法是許多製造業採用的定價方式，主要計算方式是以投資報酬率為基礎。例如，對於一家成衣廠，若其目標報酬率為20%，則可計算出每件商品的價格，以實現目標。

無論是成本加成法或目標利潤定價法，都有一些缺點。首先，企業通常透過規模經濟、學習曲線等方式，幫助降低成本。但採用成本加成法，無法將節省的成本轉換為利潤，可能使公司損失因自身努力而應獲得的利潤。其次，成本加成法最重要的是確保成本的準確性。然而，由於預估銷售量會影響固定成本的分攤，因此成本加成定價容易設定過高或過低，進而影響公司的利潤。第三，每種商品都有獨特的價值，但這些方法卻忽視了顧客的支付意願。例如，星巴克的咖啡通常以較高的價格銷售，因為顧客願意支付更高的價格，享受更好的品質和體驗。因此，星巴克不使用成本加成法，而是基於價值來確定價格。

最後，價格是否符合市場需求，也是成功定價的關鍵因素。如果價格過低，將損失應有的利潤，而價格過高可能導致產品滯銷。因此，企業需仔細評估市場需求和競爭環境，才能實現成功定價的策略。

02
需求導向定價法

需求導向定價法，又稱消費者導向定價法。企業透過市場調查，了解市場的供需狀況，以及顧客的購買需求和價值觀，並據此決定價格，降低銷售風險。透過需求導向定價法，企業可以更好地滿足顧客的需求，提高產品的銷售量和市占率，同時幫助企業設定合理價格，增加利潤。

（一）需求差別定價法

企業在制定產品或服務價格時，考量到消費者、地點、時期等因素，而制定不同價格的策略。例如，台灣每年的暑假旅遊熱潮，帶動住宿需求大增，飯店業者因而提高住宿費用，以因應旺季需求。但即便調漲價格，遊客仍絡繹不絕，這是因為消費者了解旺季需求高，對價格上漲持有理解和接受的態度。

除了旅遊業，製造業也會採用需求差別定價法。例如，2020年新冠疫情對紡織產業造成了影響，導致需求下降。但在2021年全球經濟開始復甦後，布料需求大增，帶動原料端的需求增加，紡織廠商採用了成本加成的公開、透明定價方法調整價格。然而，因為下游客戶接單激增，紡織廠商供不應求，導致纖維價格更快速上漲。儘管如此，下游客戶普遍能接受這樣的價格變動，因為他們了解供需情況，並認為價格是合理的。

需求差別定價法可以根據不同需求制定不同價格，達到最大化利潤的效果。然而，企業在實行時，亦須考量消費者對價格變動的接受度，以及產品或服務的競爭力等因素，以制定最適當的價格策略。

（二）認知價值定價法

當消費者考慮購買產品或服務時，通常會權衡其提供的價值和相對成本。因此，企業必須仔細分析其產品與競爭對手的差異，以確定產品的價值，進行適當的定價，這就是所謂的認知價值定價法。

即使是相同原材料製成的兩件運動衫，如果製造商標上不同品牌，消費者對其認知的價值也會不同，進而影響他們願意支付的價格。同樣地，一瓶可樂在不同場所的消費者心中的價值也會有所不同，這反映了消費者的認知價值比成本因素更重要。因此，使用認知價值定價法的企業，會將消費者對產品的認知價值作為定價依據，高認知價值對應高價格，低認知價值對應低價格。此外，這些企業也會透過廣告和其他推廣活動來增強產品形象，提高消費者對產品的認同度，從而提升產品的認知價值。

（三）超值定價法

超值定價法是一種與認知價值定價法相反的策略，企業會將高品質的產品，訂出比消費者預期還低的價格，讓人感覺物超所值。例如，Lexus將自家產品的價格定得比BMW低很多，以吸引消費者。美國最著名的超值定價法採用者是零售商Wal-Mart，他們採用「薄利多銷」的方式吸引消費者，以平價售賣商品，讓消費者不太擔心品質問題。此外，大潤發、家樂福等量販店，也常針對部分商品採用超值定價法，以引起市場高度關注並掀起購買熱潮。

03

競爭導向定價法

競爭者導向定價法是指企業以競爭對手的定價行為及市場競爭狀況為依據，以制定自身的價格策略。這種定價法的核心在於關注競爭對手的價格動態，以制定自身的售價。常見的競爭者導向定價法包括：追隨定價法、現行價格定價法和競標定價法等，有助於企業在競爭中取得優勢，贏得更多消費者，或者保有更多利潤，並達成經營目標。

（一）追隨定價法

追隨定價法是企業根據競爭對手的價格，制定更低的價格，以應對市場競爭的策略，常見於零售業中的食品超市、藥妝店等。為了擴大市占率，企業必須採取薄利多銷的策略，降低價格以滿足消費者需求。雖然此種做法可能會降低企業的短期利潤，但擴大市占率和吸引更多消費者，卻可以獲得更長遠的利益。

（二）現行價格定價法

現行價格定價法是一種以業界平均價格為基礎的定價策略，當競爭對手調整價格時，其他同業也會跟進調整相應的價格，或保持一定的價差。這種定價方式通常適用於產品或服務同質化較高的市場，其主要目的在於避免引發價格戰，維持市場穩定。

在少數幾家大公司壟斷市場的情況下，現行價格定價法更為普遍。由於市場受少數大公司主導，它們之間容易協調價格，導致價格大致相同，而其他小公司則會跟隨或接近大公司的價格。在這種情況下，現行價格定價法反映了產業內廠商的共識，不僅能讓廠商獲得合理的利潤，也能避免不必要的價格競爭。

例如，加油站業者由於毛利率已經很低，如果為了搶占市場而降低價格，將難以獲利。因此，業者通常會制定一致的價格，使顧客認為無論到哪一家加油站加油，價格都是相同的。這種方法不僅能讓業者獲得合理的利潤，還能讓顧客感受到價格穩定，維持市場穩定發展。

（三）投標定價法

投標定價法是指買家設定一個買進價格或預定價格的價格策略，透過價格競爭的方式，選擇報價最低的賣家。這種方法常被應用在私人或政府機關的重大工程採購，以公開招標的方式，挑選投標價格最低的承包商或供應商。參加投標的公司為了順利得標，必須預測競爭對手的報價，並以價格競爭的方式，提出比競爭者更低的報價。此外，賣家亦可進行多數買家的價格競標，將商品賣給出價最高的買家，類似網路拍賣的方式。

在製造業中，廠商也常採用投標定價法來處理庫存貨物，讓下游客戶進行競標，最後將貨物賣給出價最高者，以降低損失。然而，企業必須具備敏銳的市場洞察力和準確的競爭分析力，才能成功地運用投標定價法，以避免損失。

04

新產品定價法

企業永續經營的關鍵在於不斷研發與推出獨具特色的新產品，這不僅能打入新市場，還能推動企業成長，甚至成為企業發展的重要轉捩點。例如，蘋果公司的iPod、iPad、iPhone系列，都因廣受歡迎而推動該公司的市場成長。中興紡織也是一個例子，因開發出吸濕排汗纖維Coolplus®，成功進軍市場，甚至擴展到國際市場，使其度過經營危機。

企業在推出新產品時的定價策略至關重要，因為它直接影響到產品能否成功進入市場，並為企業帶來更多利潤。常見的定價策略之一是增額定價法，即以現有產品的價格作為參考基礎，比較新產品的成本和現有產品的成本，再將新產品的價格設定在比現有產品高出一定比例的範圍。另外，企業也可以將新產品的價格，設定為高於或低於主要競爭者的產品，這也是一種常見的定價策略。

然而，定價不當可能會使企業失去該有的利潤。在價格敏感度較高的市場中，如果一味追求利潤最大化，定價過高，就算產品再好也難以在市場上立足。因此，企業應依據市場行銷理論，考慮目標客群、市場狀況等因素，選擇適當的定價策略。如果希望追求高利潤，可選用吸脂定價法；如果希望擴大市占率，則可採用滲透定價法。

（一）吸脂定價法

吸脂定價是一種新產品在上市初期，採取高價定價的策略，以獲取高額利潤。當銷售量下滑時，企業會降低價格，以吸引那些願以較低價格購買的消費者。這種定價策略利用消費者對於新事物的好奇心和擁有的欲望，以及競爭對手尚未推出相似產品的時機優勢，從而獲取較高的利潤。例如，在高檔智慧手機剛上市時，通常會設定較高的價格，但當新款手機推出時，企業會再次提高價格，同時調降舊款手機的價格，以吸引消費者購買。

採用吸脂定價法的企業，可在新產品上市初期，快速回收投資成本，並獲得較高利潤。但在價格敏感度較高的市場，過於追求高利潤的定價策略，可能會失去應有的市占率和利潤。因此，企業在採取定價策略時，應考量市場需求、產品特點與競爭環境等多方因素，以制定適當的價格策略。

吸脂定價法的適用條件，包含以下幾項：

1. 市場價格敏感度

運用一部分消費者對新產品的追求和對價格的較低敏感度，而能接受高價的族群，以獲取高額利潤。例如，有些人出於追求流行趨勢、品牌效應等原因，願意額外支付兩萬元購買iPhone手機。

2. 高品質或高品牌形象

以前述智慧手機為例，若有兩支具相同功能的機種，其中一支由知名品牌生產，另一支則由知名度較低的品牌生產。在此情境下，可以想像蘋果手機採用吸脂定價法所帶來的效益較高。這是因為高品質是高價的基本要素，而消費者對蘋果手機的信賴感較高，更願意以高價購買。

3. 競爭者進入障礙高

若競爭對手能很快進入市場，高價定價策略便會失去持續獲取高額利潤的機會。因此，吸脂定價策略特別適用於擁有專利、不易仿冒、高技術門檻的產品。企業最好在原物料、生產技術等方面，擁有與其他競爭者不同的優勢，以免競爭對手跟進速度過快。

（二）滲透定價法

滲透定價法是一種薄利多銷的策略，與吸脂定價法相反。當新產品上市時，企業通常會設定低價，以快速滲透市場、提升市占率，並長期穩定獲利。此策略有助於對抗競爭對手，透過提高市占率，擴大生產規模，享受經濟規模和學習曲線帶來的成本下降效益。隨著銷售量增加，企業能分攤固定成本，累積生產經驗，提高生產效率，進一步降低單位成本。

低價策略能吸引顧客，讓競爭對手認為低價低毛利，短期內不會積極進入該市場，減少競爭壓力。在某些情況下，企業甚至不惜虧損，以低價吸引大量顧客，提高市占率和顧客忠誠度，進而提高競爭者進入市場的門檻。例如，日本汽車在1970年代進入美國市場時，透過滲透定價法快速提高市占率，隨著美國消費者逐漸接受日本汽車，日本汽車才逐漸提高價格，以實現更高的利潤率。

滲透定價法適用於生產產能高、市場需求量高、產品成本較低、顧客熟悉的產品，可運用在下列情境：

1.高顧客價值、高彈性

面對價格敏感度高的未開發市場，滲透定價法有助快速提高市占率，引發大量需求，成為市場領先廠商。對於轉換成本高、市場尚未形成標準的產品，滲透定價法是達成市場領先地位的極佳策略。利用低價吸引顧客，不僅能促進市場成長，還可降低消費者轉換成本，提高市占率。值得注意的是，滲透定價法可能會引發價格戰，損害企業獲利率。

2. 服務成本下降

銷售量增加時，規模經濟或學習曲線效應，會使每單位固定和變動成本降低。此時，企業可考慮採用滲透定價法，即使降價促銷，成本下降幅度仍大於價格降低幅度，從而提高毛利率。但須注意兩點：首先，競爭對手可能會以低價反擊，引發價格戰，最終可能沒有一家企業獲利。其次，有限的產能也是企業需要關注的問題。若市場需求超過產能，企業降價接受大量訂單，但無法按時交貨或滿足需求，將導致賠償客戶損失，影響公司信譽。因此，企業應根據產能和能力調整價格，以免造成負面影響。

3. 競爭者太弱

如果競爭對手受制於高成本結構、資源優勢低等因素，企業即可採用滲透定價法。例如，國內化纖廠「中纖」的原絲產品，因掌握原料、實行一貫作業流程，減少人力、運輸與包裝成本，比競爭對手的成本低很多，且品質穩定。所以「中纖」採用滲透定價法，不僅可避免競爭，還可提高消費者利益，鞏固顧客關係，因此下游客戶都優先購買其原絲產品。

（三）新產品定價策略的選擇因素

企業在新產品上市之前，需制定一連串的行銷策略，包括價格策略、推廣策略、通路策略等，其中價格策略對於新產品的市場定位影響最大。新產品定價法主要有兩種：吸脂定價法和滲透定價法。如果企業欲迅速回收成本，並建立品牌形象，吸脂定價法會比滲透定價法更有優勢；然而，如果企業考慮消費者利益、市場開拓速度和競爭程度，則滲透定價法更具優勢。因此，企業在推出新產品時應依據自身情況，綜合考慮生產能力、技術門檻和市場需求等因素，以選擇適當的定價策略。不同情況下，各種定價法都有適用的場合，選擇最適合企業的定價策略，是企業必須面對的重要課題。

1. 企業的生產能力

企業在制定價格策略時，必須考慮到產品需求量和生產能力的限制。一般來說，高價產品的市場需求量較小，而低價產品的市場需求量較大。但是，在新產品推出初期，由於企業受限於資金、技術和人力等方面的限制，生產能力往往有所限制。因此，不宜使用低價策略來提高銷售量，因為提高銷售量未必能帶來利潤，反而可能損害企業形象，因無法滿足市場需求。

相反地，當產能有限時，企業可以採用高價策略，以吸脂定價法緩解供不應求的狀況。透過高價策略，企業可以吸收高價消費者，逐步擴大生產規模。因此，如果企業可迅速提升生產力，則可選擇滲透定價法；但若產能不足，建議採用吸脂定價法。

2. 產品技術門檻

指研發該產品所需的技術門檻高低。當新產品面市後，若競爭對手能輕易掌握其技術，代表該產品的技術門檻較低；相反地，若對手在一段時間內難以研發出相似產品，說明該產品的技術門檻較高，短時間內不容易被模仿，競爭對手較難快速進入該產品領域。產品技術的難易程度是影響企業對新產品定價的重要考慮因素之一。

當技術門檻低時，競爭對手可能會快速模仿該產品，導致產品無法以高價銷售。此時，企業應採用滲透定價法。但若新產品的技術門檻高或受專利保護，短時間內競爭較少，則應採用吸脂定價法，維持高價策略。例如，南亞纖維公司推出的PTT-46N纖維，在原料端受到特定保護，其他競爭對手難以取得，同時南亞擁有高水準的生產技術，故可採用高價策略。

3. 產品市場需求量

如果產品的需求量高，可能會吸引競爭對手進入市場，爭奪市占率。在這種情況下，率先進入市場的企業需迅速占據市場地位，並提高市占率，此時通常會採用滲透定價法。相反地，如果產品的市場需求量較小，企業傾向採用吸脂定價法，優先追求利潤最大化的目標。

05

價值定價法

在B2B的市場中，價值定價（Value-Based Pricing）是一種重要且有效的策略，透過了解客戶需求、找出價值要素、專注區隔市場、索取較高價格，並以創造價值為導向。此種策略著重於客戶對產品或服務的預期或價值感知，而不僅僅基於生產成本或市場需求來設定價格。

實施價值定價需進行市場調查或數據分析，深入了解客戶的期望和需求，以及他們願意支付多少錢。此外，我們也要找出B2B市場中客戶的價值要素，如產品品質、創新程度或專業知識等。

然後，我們要針對特定的區隔市場，進行深入調查，因為不同市場可能對產品或服務的價值感知不同。價值定價法能讓公司設定較高的價格，前提是我們能夠清楚地傳達，為何我們的產品或服務值得更高的價格。

最後，價值定價策略也讓我們不再只考慮成本或競爭對手的價格，而將重點放在我們的產品或服務能創造多少價值。這種策略讓我們能與競爭者有所區別，並根據我們的優勢和價值來訂價，既能提高獲利，也能為客戶提供更大價值。

案例

良瑋纖維

價值定價法的策略運作

明倫織布廠位於台灣彰化，專為國外頂級品牌商生產和開發特殊運動鞋面料。然而，由於特殊紗線原料的供應鏈問題，訂單交貨期時常受到影響，這也成了明倫最迫切需要解決的問題。

上游供應商良瑋纖維面臨了一個重大挑戰：如何幫助明倫解決供應鏈問題？一方面需要保證原料的交貨期；另一方面則需考慮成本問題，如何在兩者之間取得平衡？

良瑋纖維的管理層開始深入了解明倫的業務，經常與明倫討論替代規格和安全庫存量，並定期提供新品資訊和樣品試樣。他們不僅提供產品，還提供解決方案和持續服務。

透過良瑋的方案，明倫的供應鏈問題得以解決，業務更加順利。良瑋深得明倫信任，並開始實施價值定價法，基於產品或服務對客戶帶來的價值設定價格，而非僅根據生產成本。

價值定價法使良瑋纖維獲得了更高的利潤，並深化與明倫的合作關係。他們不再只是產品的提供者，也成了解決方案和服務的提供者。

此案例告訴我們，了解客戶需求和提供有效解決方案是價值定價法的關鍵。這種策略強調產品或服務對客戶的價值，而不僅是成本，適用於各種業務環境和市場。透過深入合作和對客戶價值的理解，業者不僅可以提高利潤，還可建立更持久和有意義的客戶關係。

06

差別定價法

差別定價是企業中重要的價格策略。透過針對同一產品訂定兩種或兩種以上的價格，提高獲利率、增加銷售量，並吸引不同市場區隔的客戶。這種策略基於消費者對同一產品的價格感知存在差異，因此企業會依照顧客的價格敏感度，訂定多種價格，以滿足不同需求的消費者。

由於全球經濟環境的變化，大部分商品都有替代品，導致了激烈的競爭。因此，企業需針對不同市場區隔的消費者需求，對產品進行更明確的價值定位，並採用差別定價的策略，以提高市場競爭力。差別定價策略基於市場需求變化而調整價格，而非僅考量成本。因此，同一產品可以有不同的價格。

差別定價策略的制定通常基於以下因素：

（一）顧客區隔定價法

企業通常會針對消費者屬性，制定不同的價格方案。例如，電影院、公共運輸和遊樂園等場所，會根據顧客年齡、身分等因素，設定不同票價。零售商則引入會員制度，以區隔顧客，提供相應的消費優惠和折扣，吸引顧客回流和提高品牌忠誠度。

差別定價的目的是更精確地定位產品價值，提高整體獲利率和銷售量。由於不同消費者對價格的敏感度和支付意願不同，企業可透過差別定價來滿足不同消費者的需求，提高市占率和品牌忠誠度。價格制定不一定與產品成本直接相關，而是根據市場需求和消費者屬性等因素進行調整。

（二）時間差別定價法

日常生活中，我們常發現同一產品或服務，在不同時間有不同的需求強度。這種現象促使企業實行時段價格差異定價策略，尖峰時段價格較高，離峰時段價格較低。例如，運動中心在平日屬於離峰時段，場租費用較低；而下班時間和假日則為尖峰時段，費用就會提高。

透過時段價格差異定價策略，企業能根據市場需求靈活調整價格，提高獲利。這種策略也能提升顧客滿意度，因為不同時段的價格，更能符合消費者的需求。然而，仍須保持價格的合理性，避免過高或過低的價格，造成顧客不滿或損害營收。

（三）地理位置差別定價法

在市場經濟中，同一產品或服務在不同地區，常因當地需求和市場環境，而訂定不同的價格。例如，航空公司會根據不同等級的服務與航線需求，設定不同票價；演唱會或體育比賽因場地不同，而產生票價差異；同一間飯店在不同地區，也會根據當地市場情況，訂出不同的客房價格。此種差異定價策略，旨在滿足不同地區的消費者需求，提供適切的產品和服務。

（四）產品形式差別定價法

企業在定價產品時，不僅考慮成本，還會考量產品的外觀和樣式對消費者的吸引力，以制定價格。例如，在飯店業中，相同房型、相同設備的房間，會因是否有窗戶而出現價格差異，消費者也願意接受這種差別。此外，有些服飾雖然成本相近，但因顏色、款式等細微差異，導致價格差異。

（五）購買數量差別定價法

為了區分不同消費者的彈性需求，企業會根據其購買產品、服務的數量或頻率，提供不同的價格方案，主要可分為兩種方式：一種是基於單次購買數量，另一種則是累計購買數量。例如，紡織業常根據訂購量而制定價格，大量購買者可享有折扣；而小批量客戶則需支付較高價格，以因應廠商需額外承擔的開機成本、運輸成本等。

（六）客戶對價格敏感度差別定價法

針對不同顧客對產品的認知價值和購買力的差異，企業會考慮不同的定價策略，達到更精確的價格定位。例如，公務出差者和學生旅遊者，對同一件產品的價格接受度不同。因此，企業會根據目標消費者的需求，訂定不同的價格策略。公務出差者通常願意支付較高價格，而學生則注重價格優惠，會選擇較划算的出遊方式。

案例

台灣高鐵

差別定價法的藝術

台灣高鐵於2007年1月啟用，其營運成本差異主要來自營運里程數的不同，每公里的營運成本約1,870元。高鐵的成本受到班次的時間、方向等因素影響較小，因此適用於以下幾種定價方式：

1.顧客區隔定價

即將同一產品或服務，以不同價格銷售給不同的顧客。高鐵票價細分為兒童票、大學生票、敬老票等優惠票價。由於乘客可按照年齡與出行目的等因素，區隔為不同人群，因此，高鐵公司有條件利用顧客區隔定價法，進行票價定價。

2.地理位置差別定價

即在成本相同的情況下，對不同地點的產品或服務，收取不同的價格。高鐵在同一班次的12節車廂中，分成商務車廂、標準車廂與自由座車廂，分別收取不同票價。

3.時間差別定價

價格會隨著季節、日期甚至時間而變化。高鐵對其營運成本的影響較小，而人們對於不同出發時間的需求彈性差別較大，因此，高鐵公司可利用時間差別定價法，如「平日離峰優惠」措施，盼提升離峰時段的載客率，每天離峰時段票價給予96折優惠，這項措施廣受旅客青睞。高鐵還為鼓勵旅客在平日離峰時段乘車，特別針對平日上午、晚間時段，指定車次的票價打96折優惠。

差別定價是一種定價策略，如欲成功實施，需滿足以下條件：

（1）必須能夠區分市場，且不同區隔對於產品或服務的需求強度有所不同。

（2）差別定價基於顧客的特性，使用低價購買的消費者不會轉售產品給高價市場區隔的消費者，如學生機票轉售給一般民眾。

（3）競爭對手不應以低價競爭，來搶占高價市場區隔的份額。

（4）差別定價的執行成本不應超過其效益。

（5）差別定價不會引起市場反感，同時也必須合法。

台灣高鐵透過實施差別定價策略，成功地在盈利與公眾利益之間取得平衡，展示了在複雜的市場環境下，如何靈活運用差別定價法；同時揭示此種策略在交通、旅遊，以及其他消費者服務領域的潛在應用。台灣高鐵的案例為鐵路運輸和其他公共交通工具，提供獨特的學習機會，展現如何透過深入洞察顧客需求，並精心設計定價策略，達成商業成功和社會效益的雙重目標。

07
組合定價法

早餐店提供多種主餐和附餐選擇，如三明治、蛋餅和漢堡等，並透過多元的套餐設計，如招牌套餐、兒童套餐等，組合主餐和附餐，以增加銷售量與獲利。然而，當企業生產多樣化產品時，需慎重考量價格可能對公司其他產品的銷售量產生影響。因此，企業應關注產品之間的相似性、互補性等關係，並考慮將產品與其他行銷策略，如通路、促銷或價格搭配等，作為產品組合定價的參考。透過產品的差異化組合與整合行銷策略，企業可提高產品的銷售表現，創造更大的商業效益。

（一）產品分級定價法

為了擴大市占率，許多企業會採取多元產品或產品升級的方式。在定價策略方面，這些產品可能會互相競爭，必須特別注意產品之間的價格差異，以及這些差異對各產品銷售的影響。例如，航空公司常將票價分為頭等艙、商務艙和經濟艙三個等級。不同等級的座位，提供不同的舒適度和服務，因此它們的價格也有明顯差別，也吸引不同的消費族群，彼此不會相互影響。

這種產品分級的方式，同樣適用於其他行業。例如，運動服飾市場追求舒適度和功能性，因此，南亞化纖推出不同等級的產品，升級產品的價格略高於基本款，但仍滿足了消費者的需求。頂級產品的價格更高，吸引到高端消費者，但銷售量相對較低。

總之，產品分級定價需考慮消費者的認知和感受，以及不同產品之間的價格差異，才能幫助企業贏得更好的市場競爭力與利潤。

（二）互補產品定價

「搭售模式」是一種商業模式，其運作核心在於提供免費或低價的主產品，再透過長期搭售耗材或零件來獲利。例如，刮鬍刀與刀片、印表機與碳粉夾、電動牙刷與牙刷頭等。

銷售互補品的公司會將主產品（如刮鬍刀、印表機或電動牙刷等）的售價壓低，以提升銷售量，並透過販售互補產品（如刀片、碳粉夾或牙刷頭等），賺取更高利潤，此種定價方式被稱為「互補產品定價」。此外，服務性產品也適用互補品定價法，如高爾夫俱樂部會員、遊樂園門票等。

（三）綑綁式定價

綑綁式定價法是將多種產品或服務組合在一起，以較低總價出售的策略。例如，麥當勞的超值組合餐將漢堡、薯條和飲料組合成套餐，利用漢堡的低獲利搭配薯條和飲料的高利潤，提高整體銷售量和利潤。電影院年票、健身房年卡，以及旅遊業者的機票、住宿與機場接送等，也都是透過整體優惠價吸引顧客。

綑綁式銷售還能幫助企業節省人力、後勤和行政成本。例如，餐廳顧客消費套餐組合（含前菜、主食、湯、點心和飲料），與分次點菜相比，可節省更多人力和作業時間。

當然，綑綁式銷售的主力產品必須具有吸引力，並且綑綁後的價格必須夠低廉，才能吸引顧客購買。更重要的是，綑綁的產品要能相互搭配，產生相輔相成的效果，否則無法提高顧客的購買意願。

08

促銷定價法

企業採用促銷定價策略，旨在刺激消費者於短期內購買產品或服務，通常是因應經濟不景氣、買氣低迷或消費疲軟等情況，而採取的因應方案。促銷定價是企業常用的促銷工具，其主要目的為推動新產品上市、提高銷售量、增加會員數或清庫存等。

常見的促銷定價方式，包括以下幾種：

（一）犧牲打定價

犧牲部分商品的毛利，帶動其他商品的銷售，藉此提高整體獲利的策略，零售業經常採用此種方式。例如，許多商店會在門口張貼「10元起」或「3折起」的海報，實際上只有極少數商品以低價出售，目的是推廣其他價格較高的商品。

（二）促銷折價定價

透過在產品售價上直接打折的方式，讓消費者以較低價格購買產品。例如，一件原價500元的運動衫，在打8折後售價降至400元。促銷折扣通常會在特定節慶或活動期間進行，如週年慶、清倉大拍賣等。此種促銷方式可激勵消費者購買，同時也可增加企業的銷售額和市占率。

（三）現金折扣定價

現金折扣是一種銷售策略，其目的是鼓勵顧客在較短時間內支付貨款。例如，如果顧客在30天內支付貨款，可享有5%的現金折扣。這種折扣方式在企業間的交易中極為常見，特別是在批發商和零售商之間。其好處包括提高賣方的現金流動性、減少收款成本，以及降低呆帳風險。

（四）數量折扣定價

當顧客採購量達到一定數量時，商品的單價會根據購買量，而享有相對的折扣。例如，當購買量在100個以下時，單價為1000元；購買101～150個時，單價享有9折優惠，為900元；若購買量超過151個時，則統一打8折。數量折扣定價有助於刺激買方增加購買量，也能防止買方向競爭對手採購商品。此外，對於賣方來說，數量折扣定價也能提高產品銷售量和營利，並加強客戶對產品的忠誠度。

（五）功能折扣定價

功能折扣定價又稱為促銷折讓，是一種由製造商提供給經銷商的折扣策略，以鼓勵經銷商參與各種功能性管理活動，如廣告、促銷或售後服務等。透過這種方式，製造商能鼓勵經銷商積極參與產品的行銷推廣，進而提高品牌知名度和銷售額。例如，食品製造商可能會向零售商提供特價優惠，以促使他們進行試吃活動，幫助刺激銷售。此種合作模式能使經銷商分擔一部分市場推廣的任務，讓製造商專注於產品研發和生產技術的提升。同時，由於經銷商更接近且了解消費者，在執行廣告、促銷或售後服務等推廣活動時，可能比製造商更有效率，也更有成效。

（六）季節折扣定價

廠商為了減輕庫存或提高銷售量而採用的定價策略，根據商品特性和消費者需求，在特定季節或時期，提供折扣或降價。例如，海濱旅館在淡季時期提供優惠促銷，吸引遊客前來度假，並增加訂房率。在旺季時期，廠商可能會提高價格以因應市場需求，同時也能獲得更高的利潤。此外，季節折扣定價還可刺激消費者的購買意願，提高品牌知名度和形象。例如，冷氣機廠商在夏季推出促銷活動，吸引消費者購買冷氣機，同時也提高品牌的曝光率和知名度。

（七）換購折讓定價

換購折讓定價是一種針對消費者提供的優惠策略，當消費者使用舊有產品換購新產品時，可享有特別的優惠或折讓。例如，手機品牌公司發行VIP折價卷，讓用戶累積通話費至一定金額，即可享有折扣優惠，以刺激消費者汰換舊款手機。此種定價策略可促進消費者的品牌忠誠度，同時提高新產品的流通率，並能激發消費者的購買欲望，進而增加銷售額。

然而，當產品進入成熟期，消費者對其特性擁有相當熟悉度，市場資訊透明度也相當高時，企業需慎用促銷定價。因促銷定價容易激發競爭對手立即回應，以維持市占率，造成激烈的削價競爭，而影響企業獲利。此外，一旦消費者熟悉且習慣廠商的促銷定價模式，可能會等到折扣開始時才購買產品，造成企業經營的困境。因此，企業在採用促銷定價時，應謹慎評估市場環境和消費者行為，並適時調整促銷策略，以達到最佳效益。

09
心理定價法

心理定價法是利用消費者心理需求和價格敏感度，設計出多種價格形式的定價策略，能更有效地影響購買行為和提升商品價值。透過心理定價法，企業更能適應市場需求、提升競爭力，增加銷售量和利潤。常見的心理定價法包含以下四種：

（一）尾數定價法

尾數定價法是一種簡單而有效的心理定價方法，作法為將價格末位的0改為9，如99元。這種方式會在消費者心中創造價格較低的印象，從而促進銷售。研究顯示，市場上約30%～65%的商品，會使用9尾數定價法，尤其適用於日常消費品的高需求市場。例如，抽取式衛生紙售價99元，讓消費者感覺價格低於100元；火鍋店推出的299元吃到飽，則讓消費者感覺價格僅有200多元，即可享受無限量的食物。

企業採用尾數定價法的主要原因有兩點。首先，它讓消費者產生認知利益的效果。例如，一般價格應為整數，當廠商採用尾數定價法時，49元的產品會被認定為49元，消費者會認為自己賺了1元，進而提高購買意願。其次，消費者會認為廠商定價準確，因價格考慮到個位數，會產生合理與信賴的心理作用。

（二）聲望定價法

聲望定價法是一種利用商品知名度或獨特品質的高價策略，適用於重視身分地位的消費者。例如，在百貨公司購買運動服飾，消費者會接受稍高的價格，因為他們關心的是商品能否符合其身分地位。此外，在選購商品時，當消費者缺乏產品資訊時，價格往往是他們判斷品質的主要參考標準之一。

當然，聲望定價法必須搭配高品質、好設計和優質服務等因素，才能長期在消費者心中維持良好的形象。例如，新款iPhone手機動輒3～4萬元，為了保護手機螢幕，消費者通常會選購螢幕保護貼。某些商店可能定價為500元，以符合消費者追求高品牌形象的心理需求。實際上，保護貼的成本不到100元，如將價格定在100元以下，反而可能降低iPhone手機的整體價值，連帶影響保護貼的銷售量。因此，聲望定價法必須在價格和品質之間取得平衡，才能維持消費者對商品的信任和認同。

（三）習慣定價法

有些產品經常被消費者購買、重複使用，因此消費者對於這些產品的價格已經有了長期且不易改變的認知。在此情況下，企業應遵循這些習慣性價格來定價。例如，一包衛生紙平均售價為10元，如果任意漲價，可能會對銷售量和市占率造成不良影響，且降低企業的競爭地位。若在不改變價格的情況下，而是利用改良內容物、包裝等方式調整產品，就能避免消費者的反彈情況。

（四）特價商品定價法

特價商品定價法是一種常見的行銷策略，通常會將少數商品的價格，設定得比同品質的商品更低，以吸引消費者購買。透過消費者對低價商品的青睞，進而帶動其他商品的銷售。這種策略常見於各種零售通路，如超商、百貨公司或大賣場等。當消費者購買特價品時，也會考慮其他商品的需求，進而提高整體銷售量。這種定價法不僅可以吸引消費者的眼球，增加店內流量，提高品牌知名度，同時也是增加銷售量和市占率的有效策略。

10

產品生命週期定價法

產品生命週期定價法是根據產品在市場上的不同階段，制定適合的價格策略，包括導入期、成長期、成熟期和衰退期。在產品銷售量大幅成長後，市場會趨於飽和，銷售量會逐漸減緩，最後可能衰退。了解產品生命週期對價格的影響，能幫助企業制定適當的價格策略。

階段	導入期	成長期	成熟期	衰退期
單位成本	高	中等	低	低
銷量	低	快速成長	達到高峰	逐漸下滑
利潤	負	逐漸增加	從高點開始減少	逐漸下滑
顧客	創新者	早期採用者	中期採用者	落後者
競爭對手	極少	逐漸增加	數量穩定	逐漸減少
行銷目標	創造知名度	追求市占率	最大利潤化	收割最後利潤

表 4-1 產品生命週期表

（一）導入期定價原則：吸脂定價法、滲透定價法、消費者知覺定價法

在產品導入期的階段，廠商通常會採用高價策略，因為初期成本高、銷量少、競爭對手有限，且顧客對價格不太敏感。例如，高級相機、珠寶、化妝品和高檔汽車等產品，通常定價較高，以建立高端品牌形象，吸引高所得族群的認同。

另一方面，在市場需求較大的產品中，如日常用品和食品，有些廠商可能會採取低價策略，以薄利多銷的方式提升市占率。滲透定價法常針對中、低收入消費者，依靠大規模生產以降低成本。然而，由於市場容易有新競爭者進入，類似產品不斷湧現，產品生命週期變得更短，因此必須特別注意資本回收和倒閉風險。

（二）成長期定價原則：滲透定價、顧客面定價、成本加成定價法

1.成長前期

市場快速成長，需求增加，同時新競爭對手進入，共同分割市場。儘管競爭者增多，但定價仍根據產品品質和功能有所不同，主要採用成本加成定價法。由於市場需求持續增長，即使價格開始下滑，降幅也相對有限。在成長前期，企業應致

力於提升產品品質和功能等非價格因素，以提高競爭力。

2. 成長後期

銷售量的成長會減緩，企業面臨新競爭對手制約，且產品品質和功能差異不大，最終用途也相似。此時，銷售策略應轉為維持市占率和利潤。由於市場占有率競爭激烈，成長後期的價格競爭也更加激烈，但即使降價，銷售量也未必會提高。

（三）成熟期定價原則：配合或攻擊競爭者定價

在成熟期，產品同質性高，成本差異不大，市場銷售成長有限。企業應專注於延長產品的生命週期並維持獲利，且避免墜入削價競爭的陷阱，可透過價格策略和產品差異化等非價格策略，以提升競爭力。此時，促銷是常見的競爭方式，如打折、送贈品、延長交易條件等。企業也可選擇挑戰競爭者的定價，以爭取市占率。總之，企業在成熟期應多管齊下，以維持市場地位和獲利率。

（四）衰退期定價原則：降價

產品進入衰退期，銷售量迅速下降，市場替代品出現或消費者購買習慣改變，導致市占率急劇降低。面對激烈競爭，大多數廠商會計畫性地降低產品價格，回收最後價值，逐步從市場中獲取資金。大部分廠商也會選擇退出市場，轉向生產有利基的產品。經過一輪淘汰後，存活的廠商由於供應商減少，擁有較高的定價能力和較大的獲利潛力。因此，競爭力強的廠商也可能發動價格戰，迫使其他競爭對手退出市場。

—— 本 章 回 顧 ——

1. 制定價格是一個複雜的決策過程，主要影響因素包括成本、需求和競爭。企業需根據競爭狀況、市場供需和市場結構等因素，選擇適當的定價方法，以提升市占率和獲利能力。

定價方法	特色
一、成本導向定價法	最基本的方法，可確保產品利潤，但未必能充分反應市場需求
二、需求導向定價法	根據不同顧客的需求制定價格，可更貼近市場，但須先了解消費者需求
三、競爭導向定價法	讓企業保持在市場上的競爭地位，可能導致價格戰
四、新產品定價法	依據新產品的市場表現、市場需求及競爭情況等因素來定價
五、價值定價法	根據自身優勢和價值定價，重點在於產品或服務能創造多少價值
六、差別定價法	因應不同市場區隔，使企業在不同市場上取得最大的利潤
七、組合定價法	需考慮不同產品間的相對價值，以及整體組合對消費者的吸引力
八、促銷定價法	短時間內可提高銷售額，但不一定有助於建立品牌形象
九、心理定價法	可增加消費者的購買意願，但需注意避免誤導消費者
十、產品生命週期定價法	需隨著產品的生命週期變化來調整價格，以期使利潤最大化

chapter FIVE

業務員的「最適價格」

如何透過談判達成最適價格？
首先，了解產品的價格範圍，
包括最高與最低可出售價格。
其次，與零售商、經銷商、
客戶或最終消費者反覆討論。
最後，利用各種輔助資訊有效談判。

01

業務員是價格談判的關鍵角色

業務員的工作不僅是接單和創造銷售量，而要在確定公司銷售目標的前提下，與客戶達成雙贏的價格協議。單純追求業績而忽略其他影響因素，或僅以成本為基礎報價，都會損失應有的利潤，即所謂的「隱藏利潤」。找到最適價格，就是挖掘這些「隱藏利潤」。

雖然成為業務員的門檻相對較低，但要成為頂尖業務員並不容易。他們每天面臨不同挑戰與客戶拒絕，需要提供樣品、目錄或服務，吸引潛在客戶的興趣，並進行銷售推廣。即使公司生產高品質產品，仍需業務員推銷。因此，業務員被形容為「公司與客戶之間的橋梁」。成功的銷售常仰賴於良好的組織和能有效傳遞商品的業務員。一般來說，業務員在公司中扮演以下角色：

1. 爭取訂單

業務員的主要職責是爭取訂單，這是企業獲利的重要途徑。他們必須不斷爭取現有客戶的訂單，並積極開發新客戶，以確保企業順利營運。此外，現有客戶是開拓新客戶的重要管道，只要業務員提供良好服務，並建立信任關係，現有客戶自然會介紹更多新客戶。

2. 接單

相對於爭取訂單，接單的任務更加重要，但訂單多寡並不能直接反映公司的獲利狀況，價格也是影響因素之一。傳統上，人們認為「接單沒有訣竅，只要價格便宜，就接得到訂單」。然而，業務員接單時應考慮公司的策略。例如，提高市占率、高利潤或出清庫存等不同目標，業務員必須代表公司與客戶談判出既符合公司策略，又能為公司爭取最大利潤的價格。

在行銷4P中，「價格」是最重要的策略工具，但也是最容易被忽略的行銷利器。因此，業務員接單時應針對公司目標策略，選擇適合的價格，將其視為重要的行銷利器，以實現公司的目標和獲利。

3. 提供銷售支援

業務員的另一項重要工作是提供銷售支援，包括提供市場資訊、協助銷售和管理、防止異常情況發生，以及提供售後服務等。這些工作不僅可維持企業形象，增進與客戶的關係，還能提高客戶忠誠度和消費力。

業務員在公司與客戶之間扮演著關鍵角色，是兩者之間的重要溝通橋梁。新進供應商常面臨客戶的疑慮和戒心，此時業務員的表現更為關鍵。他們需要具備優秀的專業素養和表現，才能贏得客戶的信任，建立企業形象，並持續培養、維護和提升企業與客戶之間的關係。在接單過程中，價格是業務員最常面對的問題，也是最具挑戰性的部分。業務員需要同時考慮公司的利潤和客戶的感受，才能實現雙贏目標。統計顯示，當產品或服務價格提高1%，標準普爾500指數上市公司的利潤就會增加7.1%，可見價格對公司獲利影響甚鉅。因此，業務員需掌握報價技巧，考慮即時情況，為公司爭取最佳利潤，同時創造客戶價值。

業務員是企業和客戶之間的主要聯繫人，其專業素養、行為舉止、外表形象和個人生活等方面，都會影響企業形象，所以必須嚴加管理。儘管企業會為業務員提供牌價，但業務員不能僅照牌價報價，而應根據當下情況靈活調整。業務員需運用專業素養和經驗，掌握報價技巧，為企業爭取利益，創造客戶價值，提高公司與客戶之間的關係。

以下將探討業務員如何透過談判達成最適價格，主要分為三部分說明。首先，業務員需了解產品的價格範圍，包括最高與最低可出售價格，這需考量變動成本、總成本、公司牌價、競爭對手價格與實際成交價等因素。其次，與零售商、經銷商、客戶或最終消費者談判時，業務員需反覆討論，以達成最終價格。過程中需考慮客戶需求、市場趨勢、競爭對手策略與公司策略等因素。最後，價格談判中需考量公司利潤、客戶價值、市場情況與競爭壓力，並利用輔助資訊進行有效談判。本章最後將探討這些輔助資訊，幫助業務員更有效地進行價格談判。

02

價格的上下限

當某人從台北搭乘高鐵前往左營，若是因工作需要，票價由公司支付，他不會在意票價高低。然而，若是自費出行，價格便成為關鍵問題，他會選擇較便宜的選項，甚至為了早鳥價搭乘早班車。換句話說，消費者會因不同目的而支付不同的價格。同樣地，可樂的價格也是一個例子。消費者認為一瓶可樂的價值約為20元，但在餐廳、觀光區或百貨公司等場所，卻願意支付更高的價格，這主要是因為認知價值不同。

如圖5-1所示，產品的價格上下限與顧客認知價值及公司成本有關。固定成本加上變動成本等於總成本，總成本是公司設定價格的長期最低下限，只有當產品價格超過總成本時，公司才能獲得盈餘。公司會為每個產品設定適當的價格，如果實際成交價低於牌價，則視為價格折扣；反之，實際成交價高於牌價，則是顧客願意支付的最高認知價格。

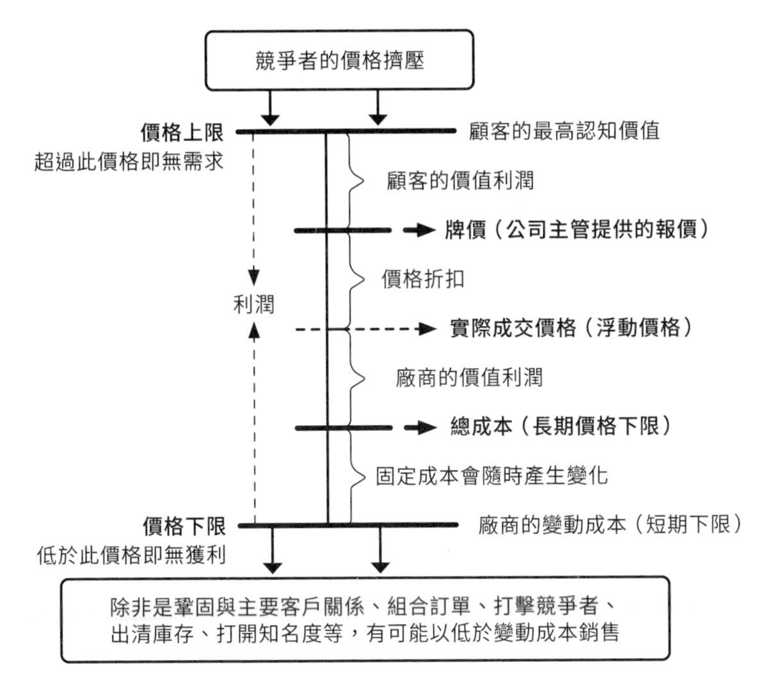

圖 5-1 價格上下限關係圖

（一）價格上限

在定價時，價格上限是決定產品售價的重要依據。如果價格超過顧客的負擔能力，商品將難以售出。通常情況下，需求與價格成反比，即價格愈高，需求愈低。然而，對於

「炫耀財」（Conspicuous Goods）這類商品而言，價格愈高銷售量卻愈大，如珠寶、名牌商品等。消費者購買的不僅是產品的成本，更是品質、效能、服務及其價值。

除非公司的產品具有獨特性，否則利潤往往會受到競爭對手的影響。因此，公司在制定售價時，需考慮消費者對產品價值的認知、市場競爭狀況與產品成本等因素，以達到合理定價和最大化利潤的目標。

以紡織業為例，產品價格的上限可能受到以下因素影響：

1. 市場需求和競爭環境

（1）**市場需求：**若高品質、高端紡織品需求增加，企業可考慮提高價格，以獲得更高利潤。例如，高端時尚品牌常以高價位產品區別於其他品牌。

（2）**競爭環境：**在競爭激烈的市場中，若其他品牌提供類似產品，企業可能需要降低價格，以吸引更多客戶並維持市占率。此時，價格上限可能會受市場價格和競爭對手定價策略的影響。

2. 消費者價值感知

（1）**產品品質：**消費者對產品品質、性能和功能的價值感知，會影響價格上限。若企業提供優質、高端紡織品，消費者會更願意支付較高價格。反之，若產品品質不佳，價格上限相對較低。

（2）**品牌聲譽**：品牌聲譽和知名度也會影響價格上限。若企業品牌聲譽良好、知名度高，消費者將願意支付較高價格購買該品牌產品。

3. 產品生產成本

原材料和人力成本：紡織業的原材料和人力成本，也會影響價格上限。若生產成本較高，價格上限也會較高，以確保企業獲得合理利潤。反之，若生產成本較低，價格上限相對較低。

綜合以上因素，企業需仔細評估市場需求、競爭環境、消費者價值感知與生產成本，以確定最適當的產品價格上限，並制定相應的價格策略，以確保長期經營和最大化經濟效益。

（二）價格下限

價格制定是企業經營中相當重要的一環。成本雖不能單獨決定最適價格，但卻是制定價格底限的重要因素。企業需確保價格高於總成本（固定成本與變動成本之和），才能實現獲利目標。在此過程中，規模經濟和學習曲線都是重要考慮因素，因為隨著企業的生產規模增大和銷售經驗的積累，單位成本會下降，進而降低長期價格的下限。因此，固定成本雖不影響最適價格，卻能改變長期價格的下限。

相較之下，短期價格下限則需考慮單位變動成本，以分攤固定成本。2020年新冠疫情爆發後，為維持組織運作和員工工作，許多企業以變動成本為基本考量，只要價格高於變動成本，就會考慮接單。當然，企業可能會因鞏固客戶關係、承接包裹式訂單、阻止競爭者進入市場、清除庫存或提高品牌知名度等，而以低於變動成本的價格銷售產品。

截至2021年底，台灣飯店業者已達3300家，提供超過17萬間房間。然而，受疫情影響，飯店住房率一度下降。以住房率60%為基準，每間房的總成本為2500元。長期而言，只要平均房價高於2500元，即可獲利。需注意的是，每間房的變動成本為500元，包括更換床單和清潔費用。因此，短期的價格下限為500元，只要房價超過此價格，即可分擔固定成本，帶來利潤。但若房價訂在1800元，長期會導致虧損。短期來看，高於變動成本的1800元房價是合理價位。只要度過疫情不景氣的時期，飯店仍有機會獲利。

此外，閒置產能也是飯店業者需考量的因素。以住房率60%為基準，總成本為2500元／間，理論上只要平均房價高於此價格，飯店即可獲利。然而，若能提高閒置產能的利用率，亦能增加利潤。例如，將未訂房的房間以每間1000

元出租給旅行社，不僅可提高房間利用率，也能帶來利潤，此為飯店業者常用的差別定價法。

由上可知，企業在制定價格策略時，必須考慮不同的成本計算方式和價格下限值。這些價格下限值的差異，意味著企業需要全面認識和理解。同時，企業必須採取有效的銷售策略，以增加銷售量、提高市占率和獲得利潤。這些策略在經營中非常關鍵，必須仔細思考和制定。

（三）競爭者價格

在特定市場或面對單一客戶時，企業的產品定價決策需考慮市場需求、客戶需求、競爭環境和競爭對手的情況，包括競爭者的數量、規模和經營策略等。因此，業務人員在與客戶接洽訂單前，需深入了解競爭對手的相關資訊。

業務人員需了解主要競爭對手是否推出類似產品，並評估其數量、售價、品質、特性、定位、銷售對象、成績、行銷宣傳和市占率等。這些資訊有助業務人員掌握市場環境和競爭動態，從而在與客戶談判時，爭取更高的利潤。

在激烈的市場競爭中，價格通常不能定得太高。因此，業務人員需評估競爭者對企業的潛在影響，以及客戶對產品品質和特性的需求程度。如果競爭者威脅較小且客戶對產品要求較高，企業可設定較高價格，以獲得更高的利潤。反之，如果競爭者威脅較大且客戶對價格較為敏感，企業需採取更為謹慎的定價策略，以避免因價格過高而失去客戶。

總之，了解競爭環境和競爭對手是制定產品定價策略的重要一環。業務人員需全面評估市場需求、客戶需求、競爭環境和競爭對手資訊，以制定適當的定價策略，提高企業的市占率和經濟效益。通過深入了解市場環境和競爭對手的價格策略，業務人員可提供有價值的輔助資訊，幫助企業成功與客戶談判，提高市占率和經濟效益。

以紡織業為例，假設市場上有多家紡織企業，它們生產相似產品且面對同樣市場需求。在這種情況下，企業可能使用價格上下限策略來調整市場價格，實現利潤最大化。企業可設定價格下限，以保證銷售量，並設定價格上限，以避免因價格過高被競爭對手取代。

這種價格上下限策略會影響市場競爭，競爭對手可能根據這些限制調整自己的價格策略，影響市場價格和產量。因此，企業在使用價格上下限策略時，需考慮競爭者和市場反應，以確保利益不受損害。

本節內容涵蓋定價策略中的三個重要面向：價格上限、價格下限和競爭者價格考量。透過深入分析各因素，文章展示了價格決策不僅是單純的成本計算，而是一個需要細緻考量的複雜策略過程。

03

業務員考慮最適單價的四個面向

當業務員與客戶討論訂單時，報價是關鍵議題。然而，許多業務員僅提供公司的「牌價」，卻經常接不到訂單，這通常是因為公司定價過高。另有業務員因不清楚產品成本而無法有效報價，看到同事以更低的價格接到訂單時，則感到沮喪。在面對這些問題時，業務員可能認為「低價」是唯一策略，但這並不能提高客戶忠誠度。

為了提高成交率，業務員需收集市場資訊，如客戶市場區隔、競爭者價格策略等。報價策略也不應僅依賴公司的「牌價」，而需與主管討論制定。業務員應依據市場資訊，為每位客戶制定專屬的報價策略。報價不僅需考慮成本，亦需考慮客戶需求和市場環境等因素，才能提高成交率和客戶忠誠度。

案例

宏天公司

堅持單價或順從客戶價格

宏天公司是專業的紗線通路商（見圖5-2），業務範圍包括代理多家上游纖維產品，並銷售給下游客戶。此外，宏天在市場中擁有較高市占率，代理產品包括超細纖維、吸濕排汗纖維、抗紫外線纖維和抗菌纖維等。這些紗線經下游織造、染整加工後，再由成衣廠、鞋廠生產成運動服飾、運動鞋與運動背包等商品，並透過門市銷售。因此，宏天公司是一家依靠代理上游紗線產品，並銷售給下游客戶而獲利的企業。

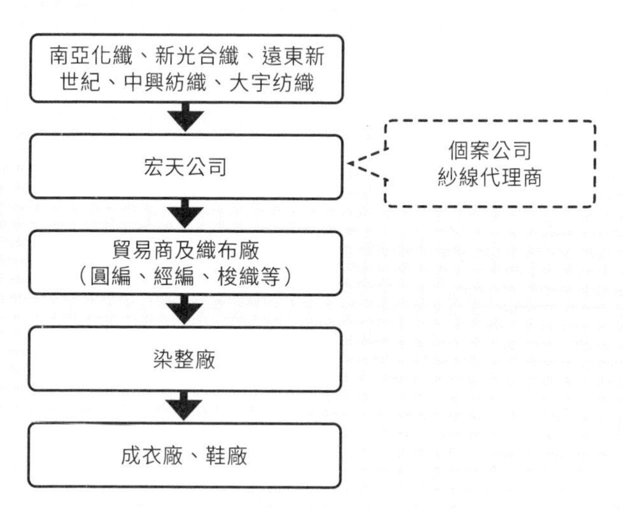

圖5-2 宏天公司上下游供應鏈圖

宏天公司的主要客戶為下游貿易商和織布廠，他們將成品布銷售給品牌商，再運送至指定的成衣廠或鞋廠，而客戶的價格區隔主要依據最終品牌。例如，若最終客戶是Nike、Adidas與UA等一線品牌，則客戶注重品質、交期和研發，此時價格可較高。但若是一般大賣場的服飾品牌，價格因素就更為重要。

宏天公司有10多名業務員，每位業務人員平均銷售量約為500噸。其中，陳專員負責中部客戶群，與該地區客戶保持超過20年的緊密合作，成為部分客戶的主要供應商。新隆公司是其中一家客戶，主要使用超過100台圓編機，是中型企業，每月紗線使用量約150噸。新隆的主要客戶是一家歐洲二線平價運動成衣品牌的供應商，雖然訂單量龐大，但價格卻無法與一線品牌相提並論。

十月底，陳專員與新隆公司接洽訂單，該公司要求購買8種不同規格的產品，總量約100噸。其中六成訂單為大宗規格，其餘四成為細丹尼高條數纖維、竹炭纖維與環保纖維等差異化產品。陳專員知道競爭對手在差異化產品上不如公司，因此這部分訂單的單價迅速達成共識。唯有一項40噸的75丹尼大宗規格產品的價格，一直無法達成協議。新隆採購張經理要求降至每公斤58元，但公司提供的牌價為每公斤61元。一般來說，大宗規格的價格差異若超過每公斤2元，已屬相當大的價差。客戶要求差距達每公斤3元，陳專員無法立即答應。張經理要求三天內回覆，陳專員必須迅速了解市場狀況並做出決定。

陳專員面臨的困境在於，若公司同意以每公斤58元的價格接受訂單，將無法獲利，甚至可能虧損。若拒絕此價格，客戶可能轉而尋求其他供應商。陳專員必須謹慎考量，以確保公司利益不受損失。

陳專員在思考幾個問題。新隆視宏天為主要合作廠商，優先洽談訂單，並視為公司主要客戶之一。公司現有75丹尼規格的產品，牌價為每公斤60元，庫存100噸，進價為每公斤56元。市場上的價格分成兩個等級：南亞、聯發、集盛等高價位，售價約每公斤62元；力麗、中纖、中紡等低價格，約每公斤57～59元。由於新隆主要承接二線品牌的訂單，布料價格不會太高，降低成本是重點。新隆詢價的供應商有兩家，用中纖產品報價，約每公斤58～59元。其中一家競爭對手10月以每公斤57元進貨，預計以每公斤58元爭取訂單。至於原料價格方面，10月有上漲趨勢，但受到10月底原油價格下跌影響，11月每公斤可能調降1～2元。目前下游市場需求穩定，但不算非常強勁，因此新隆難與其貿易商協商漲價。

公司希望年底前出清中興產品庫存，售價不應低於中纖產品，至少應該持平。陳專員了解，新隆張經理長期使用中興產品，即使同質性與中纖相近，中興仍是首選。此外，訂單涉及其他差異化規格，因此宏天仍占有較大優勢。

最終，陳專員和張經理反覆溝通，以每公斤59元達成交易，並在兩個月內完成交貨。

由宏天公司的案例可知，業務員在接單時需考慮多種因素，歸納為客戶、市場、競爭對手和公司自身四方面，說明如下：

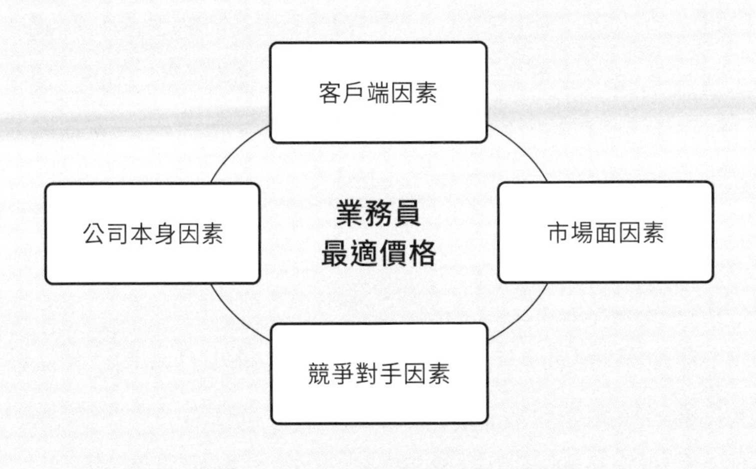

圖5-3 影響最適價格的四個因素

（一）客戶端因素

1.顧客忠誠度

公司的營收主要來自前20%的客戶，因此，公司必須全力滿足其需求，竭力爭取每一筆訂單，提高荷包占有率，即在特定品牌、商店或公司中，供應商能爭取到的客戶採購比例。即使客戶對公司品牌有很高的喜好度，也樂意向同業推薦，但若客戶也同樣喜歡競爭對手，公司可能會失去一些訂單。因此，關注公司是否為客戶的首選或次要供應商，亦為重要議題。如果公司是客戶的主要供應商，在價格上會有較大彈性，因客戶為了長期合作，通常不會過分要求低價。然而，公司也不能因為是首選供應商，就一味追求高利潤。首選客戶也是競爭對手爭取的目標，當獲利空間過高，競爭對手可能會搶奪更多市占率。這些都是平時與客戶溝通時需要注意的事項。

2.財務狀況

在產業界中，有一句俗話：「會收錢才是師父。」這意味著業務員能準時收回貨款是極為重要的工作之一。業務員必須隨時關注客戶的財務狀況，以避免倒帳風險。一般而言，業務員常遇到兩種情況：一是客戶延遲付款，無論原因為何，若未能在約定日期前付款，這是一個明顯的警示，暗示客戶可能面臨財務困境；二是同行或競爭對手詢問該客戶的財務狀況，雖有可能是謠言，但業務人員有責任釐清真相。特別是在景氣低迷時，公司需要降價出清庫存，即便訂單無法獲利，但公司仍無法承受倒帳所導致的損失。因此，業務員必須時刻關注並掌握客戶的財務狀況，以確保公司財務風險得到有效控管。

3. 採購數量

在商業交易中，客戶的購買量會直接影響商品的成交價格，價格折扣就是一種針對客戶大量採購的策略，可以適當降低產品單價。因此，業務人員在提供報價前，必須充分了解客戶的實際需求量，避免先報價後再因需求變動要求降價的情況。此舉有助於維持與客戶的良好關係，也能確保公司獲利。

4. 客戶慣用品牌

消費者常因品質選擇高價位品牌，或因成本壓力選擇低價位品牌。製造商會固定採用特定品牌，方便原料管理和確保產品品質穩定。此外，在不同品牌等級的競爭中，消費者較傾向於向上等級品牌消費。如果高等級品牌降價，更易吸引原本消費低較低等級品牌的客戶，反之亦然。例如，在宏天案例中，新隆公司長期使用中紡產品，但基於向上消費理念和轉換成本考量，宏天陳專員傾向與張經理討論價格，而非選擇直接妥協。

5. 客戶的價值，找出客戶的客戶

在激烈的市場競爭中，僅依賴成本優勢已不足以維持生存。業務人員除深入了解客戶外，亦須深入了解所處產業與客戶的真正客戶。透過了解客戶的客戶，業務人員可以更深入地了解客戶的價值創造程度，進而在銷售和報價時提供重要的參考因素。這種了解不僅幫助業務人員更好地為客戶提供價值，也能提高公司的競爭力。

（二）市場面因素

1. 市場價格

在激烈的市場競爭中，定價是一個非常重要的策略工具，企業必須制定比競爭對手更有利的價格策略才能脫穎而出。業務員在接單時必須考慮市場價格，尤其對於競爭激烈的產品。案例5-1提到，市場上的纖維製造商分為兩個等級，而新隆公司偏好中紡的產品，因此只接受第二等級價格。此時，第一等級的競爭對手若想爭取這個訂單，需面臨降價甚至損及品牌形象的風險，才有可能獲得這份訂單。

2. 原料行情

原料價格波動也是影響業務員報價的重要因素。在案例5-1中，業務員得知11月原油價格下跌，故預測纖維產品價格會下修，因此在這個月達成訂單對公司更有利。相反地，如果原料價格上漲，業務員接單時需考慮到原料調漲的風險，並採取相應的措施。

3. 供需情況

產品價格通常會受到供需關係的影響，當外部因素改變時，會影響消費者或供應商的行為，進而導致價格波動。例如，颱風來臨前常會出現菜價上漲的現象，因為消費者的預期心理會導致搶購蔬菜，高麗菜一顆可能會漲到300元，而葉菜類價格甚至會翻倍。颱風過後，由於蔬果產量下降，菜價會再度攀升。同樣地，在B2B市場中，2020年受到新冠疫情影響，全球許多品牌門市暫停營業，市場需求急速下降。疫情穩定半年後，各國需求量迅速攀升，特別是海運產業，受疫情、缺工、塞港和美國颶風等因素影響，供應無法滿足需求，運費因此創下歷史新高。這些都是供需不平衡導致價格變動的典型範例。

（三）競爭對手因素

在案例5-1中，新隆張經理要求的每公斤58元，與同等級競爭對手中纖的售價相同。然而，對於第一等級廠商而言，除非有特殊因素，如清庫存或現金變現，否則很少會降價與第二等級競爭。因此，考慮到轉換成本和主要供應商的優勢，宏天公司可力爭更高的價格，而不會失去訂單。以下是有關競爭對手因素的說明：

1.了解客戶區隔，確認主要競爭對手

當業務員向客戶報價後，若客戶沒有回應，可能有數種原因。首先，報價符合市場價格，但客戶未能接下訂單。其次，報價高於競爭對手，客戶會轉向其他供應商採購。最後，客戶可能僅將公司視為比價參考，即使價格較低，仍會與主要供應商討價還價。因此，業務員需先了解客戶主要供應商的數量及占比。分析企業所處的市場環境有助於掌握競爭威脅，進而找到提升銷售的機會。

2.了解競爭者策略

針對企業的主要競爭者，進一步分析其採取的策略和經營方針是必要的。以紡織業為例，一般可分為三個主要市場區隔，包括成衣市場、鞋材市場和工業材市場。若兩家廠商在相同的成衣市場中，都主張高品質、高價格策略，則他們便處於同一區隔市場中，並且共同競爭成衣市場訂單。此外，了解競爭者目前的經營策略，分析其背後的實際因素也是必要的。例如，競爭者現階段可能追求高利潤、高市占率、高品牌形象地位，或僅是出清庫存等目標，了解這些目標背後的因素，將成為進一步評估競爭對手的有用資訊。因此，對競爭者的策略和經營方針進行全面分析，能有效協助企業了解市場環境和競爭威脅。

3. 競爭對手的能力

在分析主要競爭者的能力之前，業務員應詳細列出所有需要分析的能力，以幫助企業掌握競爭對手的實力。根據波特的觀點，分析競爭對手的能力可從以下五方面進行：

（1）**核心能力**：分析競爭對手在各個領域的能力，並評估其優劣勢。同時，亦需檢視競爭對手的策略能力，以判斷核心能力是否會隨著企業的成熟而發生變化。

（2）**成長能力**：評估競爭對手在成長過程中的能力變化，了解其發展能力和財務能力的增長情況。這有助於判斷競爭對手哪些方面的能力，會隨著產業增長而增強。

（3）**後備能力**：分析競爭對手的攻擊能力，主要考慮現金儲備、剩餘借貸能力、閒置設備，以及開發中的新產品等因素。

（4）**應變能力**：評估競爭對手在面對產業變動時的應變能力，以及可能做出的反應。同時，也需考慮競爭對手是否存在不可逾越的退出壁壘，以及是否擁有其他方面的設備和人員。

（5）**堅持能力**：分析競爭對手的持久戰能力，主要考慮剩餘現金、員工的管理制度、資金分配、股票市場的壓力等因素。

業務員應該時刻關注主要競爭對手在各個領域的優劣勢，如產品、銷售管道、經營銷售、操作、研發能力、總成本、財務狀況、企業管理、人員協調、企業業務、政府政策和人員流動等方面。由於沒有一家企業能在所有領域都占據優勢，因此必須準確分析競爭對手在這些方面的情況，以制定競爭策略。

（四）公司本身因素

在接單之前，業務員必須充分了解公司內部情況，包括成本、庫存、產品生命週期、原物料價格行情、公司經營策略，以及財務狀況等。只有掌握這些訊息，業務員才能清楚了解客戶談價格的方向，以便有效地進行商談。

1.成本結構

業務員接單前，需先了解公司的內部情況，包括成本、庫存、產品生命週期、原料行情、公司經營策略與財務狀況。由於成本會隨著原料價格和庫存量變動而改變，因此業務員需掌握因原料波動而產生的價格差異。報價前，必須確認庫存和現貨原料的平均成本，才能真正掌握成本。例如，在案例5-1中，宏天仍有之前低價產品的庫存，而11月的原料趨勢是向下修正，無論每公斤58元或59元的價格，宏天都應該接受這張訂單。如果不接單，下個月原料價格可能會下跌，下一單的成交價可能會比現在更低，造成公司更大的損失。

製造商和零售商的成本結構可能不盡相同，但皆須了解製造成本或採購成本，尤其是變動成本和固定成本。例如，產品A和產品B都以50元銷售，但產品A的固定成本占產品成本的90%，而產品B只占10%。這裡的固定成本可視為一般管理費用，不會隨著產量變動。因此，銷售價格的變化對兩個產品的利潤，有著不同的影響。

2.產品生命週期

報價時，產品所處生命週期也是必須考慮的因素。在案例5-1中，宏天公司與客戶新隆無法達成共識的是75丹的大宗規格產品，這種產品因競爭激烈，價格區間較小。因此，在這種成熟期產品中，應以提高銷量為主要目標，並在固定利潤的前提下競爭。若只注重高利潤，客戶可能轉向競爭對手的同質化產品，將對公司的業務和市占率帶來威脅。此時，不僅會失去這個訂單，還會影響其他差異化產品的訂單。

3. 公司經營策略

公司的經營目標對定價有決定性的影響。在案例5-1中，如果宏天的主要目標是追求高利潤而不考慮客戶的市占率，陳專員可能決定僅接受差異化產品的訂單，其他同事則負責銷售庫存中的75丹尼規格產品給高價客戶。然而，如果宏天主要目標是去化庫存並回收資金，那麼不論新隆提供的價格是每公斤56元或58元，宏天都應該接受訂單。在這種情況下，公司應優先考慮去化庫存，而不僅僅追求高利潤。

4. 公司財務需求

在案例5-1中，宏天公司考慮到庫存的75丹尼產品較無差異化，因此無法與競爭對手的價格差異過大。儘管此產品規格的獲利不高，但新隆是宏天的主要客戶之一，因此保護其他獲利較高的差異化產品的訂單占比非常重要。如果宏天讓競爭對手贏得新隆的訂單，將增加競爭對手針對差異化產品的報價機會，進而影響宏天整體的獲利與銷售量。為了維持公司整體競爭力，宏天必須謹慎考慮報價策略。

透過深入分析和策略思考，陳專員成功掌握新隆公司的客戶需求，並找到最佳合作模式。他證明了業務成功不僅取決於產品和價格，還取決於對市場、客戶與競爭情況的全面理解。另外，宏天與新隆的交易個案，展現了業務員在市場競爭中所面臨的多樣性和複雜性。這是一個關於如何深入了解客戶需求、分析市場趨勢、因應競爭，進而建立和維護成功業務關係的故事。

04

業務員與客戶談價格的建議

業務員與客戶談價格是交易中極具挑戰性的環節。如何使客戶認為購買價格合理，一直是賣方面臨的難題。與客戶談價格的過程就像是一場溝通，關鍵在於如何有效對話，使價格看起來更合理，以下列出一些建議：

（一）別被成本價格侷限

企業在決定是否向業務員公開成本時，通常有兩種做法：一是公開成本結構供參考，二是保留成本資訊不公開。這兩種做法各有優缺點。

第一種做法是只提供產品的品牌價格，不讓業務員了解實際成本。一般認為，如果業務員不了解成本，就無法和客戶談判，因為不知道產品的價格下限。然而經驗顯示，業務員不知道成本，反而可以讓他們在談判中更有自信，專注於產品的價值，而不是僅僅著眼於價格。因此，不知道成本反而可以使得業務員更容易達成交易。

第二種做法是讓業務員了解公司的成本結構，清楚知道各個產品的總成本。這樣，業務員可以更好地利用客戶訂單資訊、競爭對手價格和市場供需狀況，與客戶談判達成良好價格。但在了解總成本後，業務員可能會擔心訂單無法達成，傾向於以成本加成法接單，因此可能會不自覺地將售價向成本靠攏，認為價格愈低，愈容易接到訂單。但是，如果售價一直接近成本，未考慮公司的經濟規模或低成本原料等因素，會影響公司的利潤。

因此，優秀的業務員應該在談價格時，摒棄產品成本結構，只需了解競爭對手價格、市場供需、原料行情和訂單數量等基礎資訊，即可在心中形成一個合理的底價。

（二）跳脫傳統報價的思維

公司在制定產品價格時，通常會參考市場價格、競爭者價格和預期獲利率等因素，以制定適當的價格。不同產品的利潤率也會因市場競爭情況、專利保護等因素而有所不同。業務員通常會按照牌價向客戶報價，而實際成交價格往往會在牌價附近波動，很少會偏離太遠。這是業務員遵循的一般做法，也是最安全的定價方式。

優秀的業務員會深入了解客戶的供應鏈，尤其是客戶的最終產品，以便根據客戶所創造的價值高低制定不同的價格。例如，一家織布廠向A、B兩家客戶出售相同的成衣胚布，A客戶主要用於一般運動休閒服裝等競爭激烈的市場，利潤較低，織布廠只能按照市場價格出售。而B客戶購買的成衣布料經過貼膜加工後，具有防風、防水透氣功能，最終用於生產高價值的滑雪衣和登山服，因此B客戶願意支付較高的價格。如果業務員沒有深入了解客戶的最終用途，僅按照相同價格對待兩家客戶，就會損失許多利潤。

（三）讓價格反映你的價值觀

在商業世界中，價格不僅是數字的表現，更是公司價值觀的體現。一家纖維代理商便將此觀念融入其營運之中，他們強調的不僅僅是利潤，而是「讓下游客戶獲利」的承諾。該公司相信，只有當客戶獲得真正的價值，他們的商業模式才能持續運作。因此，他們的定價必須公平且透明。

該公司的業務經理陳經理曾與多位客戶，達成多筆大訂單的價格和數量協議。然而，隨後聚酯原料價格大幅上漲，完成訂單將讓公司遭受重大財務損失。面對此一困境，陳經理認為應該重新協商價格，但公司創辦人卻有不同的看法。

他堅信公司必須遵守與客戶的約定，不論是口頭或書面約定，因為誠信是他們最重要的價值觀。

最終，公司決定履行原先的承諾，儘管這意味著會面臨虧損。但此一決定為公司贏得好評。客戶被公司的誠信所打動，不僅對他們的專業度和品牌形象產生了深厚的信任，更希望在未來加強合作。此一事件證明，對企業而言，信守承諾和誠信比短期利潤更具長遠的價值。

（四）解釋價格

在商業活動中，與客戶建立信任至關重要，而透明度和公開性在此方面發揮關鍵作用。特別是在價格設定方面，客戶最關心的是價格如何訂定，以及價格波動的原因。因此，公司應該解釋產品或服務的價格組成，並公開透明地讓客戶了解。

以宏天案例說明，宏天的產品是紗線，而紗線的原料來自原油提煉，所以價格變動最直接的原因是原油價格的波動。當價格變動時，需明確告知客戶。例如，由於烏俄戰爭導致原油大漲，纖維原料成本隨之大漲，所以紗線產品只能調漲。其他原因還包括運費和包裝材料的上漲，以及市場供需變化引起的價格波動等。只要清楚解釋價格變動的原因，便有助於公司與客戶之間建立信任關係。

—— 本章回顧 ——

1. 價格不僅是數字，更是公司價值、品牌和信譽的反映。良好的價格策略將有助於建立品牌形象，促進長期合作關係。
2. 基於市場供需、競爭狀況、客戶需求和產品價值等因素調整價格，採取彈性價格策略，可提升公司競爭力。
3. 清楚解釋價格組成和變動原因，有助於建立客戶信任，並提高客戶滿意度。
4. 價格談判是企業營運的一部分，企業應根據實際情況和目標，在適當的時機精心選擇談判策略：
   (1) 新產品推出：當企業推出新產品或服務時，可確定初步市場價格。
   (2) 市場變化：當競爭或需求發生變化，適時調整產品或服務的價格。
   (3) 簽訂大規模合約：確保與大客戶或供應商的合約條件有利，鞏固合作關係。
   (4) 促銷活動：進行季節性銷售或特價活動等促銷時，明確特惠價格以吸引消費者。
   (5) 危機管理：面對供應鏈中斷、原料價格上漲等危機時，通過靈活的價格策略，可保障企業利益不受損。

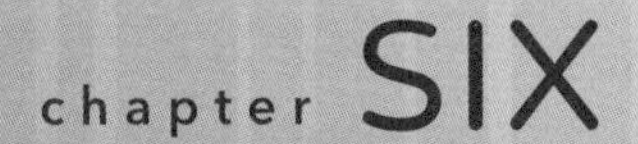

chapter SIX

業務員「最適價格」所需的業務能力

本章列舉六項業務員必備能力，
包括積極態度、產業供應鏈、人脈關係、
專業知識、解決問題能力與應變力。
業務員對這些能力的掌握程度愈高，
愈能與客戶達成「最適價格」的交易。

01

積極態度

一個銷售案的成功與否，50%取決於業務員的積極態度，其次才是其溝通技巧。

在商業領域中，態度是業務成功的關鍵，尤其對業務員而言，積極態度是取得成功的必要因素。常聽到客戶抱怨某些業務員無法滿足訂單，根本原因通常是他們缺乏積極的態度。客戶認為缺乏積極態度的表現，包括拜訪頻率不足、聯繫困難、回覆信息慢，以及提供的方案單一。在競爭激烈的市場中，這些因素會導致客戶流失，讓業務員失去機會。因此，積極和主動是成功的關鍵。要成為優秀的業務員，必須建立並保持積極的態度。

回到宏天案例，宏天公司主要銷售聚酯長纖給下游客戶。如果客戶詢問短纖產品，而公司並未提供，業務員通常會回答：「不好意思，我們沒有這項產品。」這是合理的回答，因為公司確實沒有提供這類產品。然而，業務員也是服務業的一部分，客戶希望供應商的業務員能幫忙處理大部分問題。因此，業務員可運用人脈或請求主管協助，協助客戶整理相關資訊，使客戶對業務員更放心，並在下次有需求時，優先聯繫這位業務員。正如福特汽車創辦人亨利．福特（Henry Ford）所說：「假如你有熱忱，便能成事。」

積極業務員不斷發現問題、找到解方

在激烈的市場競爭中，一些業務員因競爭對手的介入而失去客戶，並抱怨低價搶單、工廠品質問題或貨運交期不準確，將責任歸咎於競爭對手、工廠同事或客戶不忠誠，而不思考解決問題的方法。如果沒有制定並實施對策，這種態度只會加速客戶流失，最終導致被市場淘汰。積極的業務員需不斷發現問題、分析問題並找到解決方案，對自己的責任心負責。當遭遇銷售困境時，積極的業務員主動出擊，改變自己、控制情緒，尋找對策，贏得客戶信任，創造有利地位，而不是將失敗歸因於不可抗拒的因素。

業務員最基本的工作之一是與客戶協商出最適當的價格。積極態度與適當報價密切相關。在宏天案例中，該公司的業務陳專員與客戶協商時，報出每公斤100元的75／72

吸濕排汗纖維價格，客戶需求量為5萬公斤。若客戶對此報價不滿意，並希望以每公斤95元的價格訂購，同時表示若無法達成此價格，將轉向另一家供應商。面對這種情況，一般業務員會向公司反映客戶的要求，並將問題交給主管決定。然而，積極的業務員會深入了解客戶為何提出這樣的價格：是否因為同業報價相近？或是客戶只有在此價格下才有利潤？或僅是客戶在喊價，並無實際購買意向？積極的業務員會蒐集市場價格、競爭對手價格、客戶的合理工繳與售價，以及目前市場對此規格商品的銷售狀況等相關資訊，整理後提供給主管參考，才能為公司談出最有利的價格。

02

產業供應鏈

除清楚了解客戶的上下游供應鏈，業務員還應熟悉客戶的供應商和競爭對手。供應鏈不是一條簡單的「線」，而是一個由多個相互關聯的「面」構成的體系。因此，業務員應繪製詳細的客戶供應鏈圖，以更深入地了解客戶。

在拜訪新客戶或接收同事的客戶之前，業務員必須深入了解客戶所在產業的上下游關係，並調查競爭對手的情況。即使已有一定資訊，仍需實地拜訪客戶公司，進一步深入交談，以準確掌握客戶的價值鏈圖。業務員對客戶的上下游供應商和競爭對手的了解愈深入，愈能在價格談判中提供有力的協助。

例如，在宏天案例中，該公司新客戶收到一份美國品牌商的訂單，陳專員計劃拜訪該新客戶。由於宏天是一家紗線供應商，陳專員需要了解新客戶的上下游供應鏈圖（見圖

6-1）。了解客戶的上下游供應商，可獲取有關原材料價格趨勢、產品品質需求、競爭對手的價格，以及客戶的最終產品和品牌商等資訊，這些資訊能為陳專員在與新客戶談判時提供有力的參考。

例如，烏俄戰爭導致原油價格大幅上漲，纖維原料價格隨之上漲，紗線加工成本也相應提高。如果客戶要求降價，這顯然不合理。此外，如果客戶的產品需添加其他高價值原材料，提高售價是可以接受的。首先，高價意味著高品質，可以提高客戶對產品的信心。其次，高價產品風險更高，必須將隱藏的風險隨價格反映出來，一般客戶通常可以接受。最後，以紗線為例，製作維多利亞秘密等高價品牌的女性內衣和褲子，生產商通常要求更好的品質、更精確的交期和更新的原料，因此願意支付更高的價格。

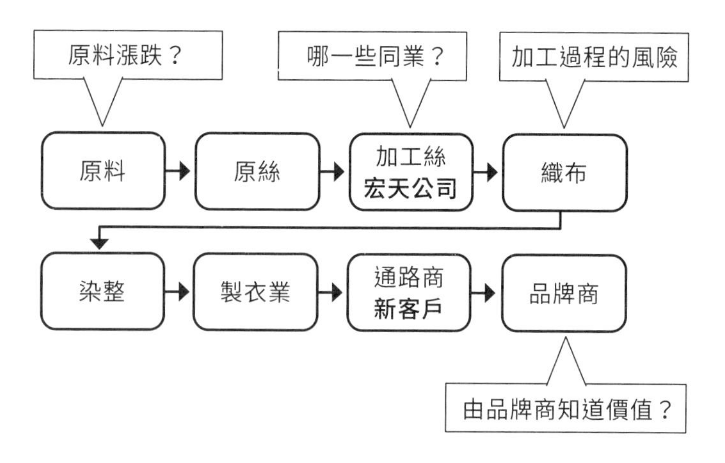

圖 6-1 紡織產業上下游供應鏈圖

03

人脈關係

業務員必須建立自己的人脈，特別是與那些有相似興趣或背景的客戶建立關係。這些客戶在遇到問題時，可以提供有價值的建議和指導，幫助業務員更好地應對各種挑戰，同時也能在推銷產品時，提供更多有用的資訊和建議。

作為業務員，每天都需要解決各種問題。認識的人愈多，就能從這些人身上獲取需要的資訊，協助自己做出更好的決策。建立自己的人脈圈不僅能提升專業能力，還能讓工作更順利。特別是新進公司的業務員，需要開發新客戶，但這往往困難重重，因為大多數公司已有固定的供應商，對陌生業務員的訪問常持排斥態度。然而，若有認識的人介紹或一同拜訪，客戶會更願意接受。因此，業務員善用人脈圈，對於開發新客戶和維護舊客戶都非常有幫助。

在宏天案例中，陳專員進入宏天公司後，被安排負責中部市場，以經編工廠為主要目標市場。當時，中部經編市場的龍頭企業是宏諦公司，專門生產高品質的針織彈性面料和機能性服裝布料。由於聚酯原絲與彈性纖維交織的特性，對聚酯原絲的要求比同業更嚴格。然而，陳專員對於公司目前銷售的產品品質有相當的信心，認為如果這家指標性公司可以接受，其他同業就更沒問題了。經過三個月的配合，陳專員成功符合了宏諦公司在品質、價格、交期等方面的要求，加上他的積極態度，終於贏得宏諦謝董事長的認可。

在穩定的合作關係中，陳專員例行拜訪宏諦公司時，謝董事長神祕地問他有什麼行程，並邀請他去一個地方。謝董事長帶他到福綠公司，這是陳專員一直想拜訪但未成功的客戶。在謝董事長的陪同下，陳專員得以與福綠總經理友好交談，拉近了彼此距離。此次拜訪讓福綠總經理開始考慮採購公司的產品。隨後，陳專員透過福綠公司介紹其他同業客戶，業績進一步穩定。如果沒有謝董事長的引薦，陳專員可能需要更長時間，才能成為這幾家客戶的穩定供應商。

建立人脈關係，必須雙向受益

在業務領域中，擴展人脈是相當重要的，而成功的關鍵在於心態和思維。若只著眼於短期內從人脈中獲得新客戶、增加銷售額、了解競爭對手資訊等，往往難以達成預期效果。常見現象是，業務員只拉攏那些對自己業務有助益的人，而忽略其他人。然而，這些被忽略的人才可能是真正的關鍵。例如，宏天公司的產品是紗線，主要客戶為織布廠。如果遇到織布機廠商，一般業務員可能不會特別熱絡，因為他們只是設備商，而不是潛在的客戶。但這些設備商的客戶往往會購買新機台，透過設備商，業務員能獲得更多新客戶資訊。因此，業務員應調整心態和思維，不僅關注短期利益，還要重視所有人脈的潛力，尤其是那些容易被忽略的人。與人建立良好關係，不僅有助於業務發展，還能建立良好的口碑和聲譽，帶來更多商機。

建立人脈關係是一項挑戰。單方面從他人身上取得資訊，無法維持長期關係，必須思考如何讓對方受益。許多業務員認為降價是最直接的方法，這種做法雖能立即拉攏客戶，卻無法持久。首先，降價常導致公司利潤減少，甚至虧損。其次，低價無法贏得忠誠度，因為競爭對手可能提供更低價格，客戶就會轉向他們。因此，低價不一定代表價值。若想建立良好人脈，就必須提供真正的「價值」。要聚焦在如何讓對方獲益的思維，提供的價值可以有多種方式。例如，業務員提供產品或服務給客戶時，應該關注客戶真正的需求，如研發型客戶更在意品質和交期，故需重視品質管理、存貨掌握和運輸的準確性。若能符合客戶需求，他們自然會願意支付更高價格。要建立良好人脈，就要思考「我能幫助對方什麼」，檢視自己的資源和價值，如專業知識、市場資訊和未來趨勢分析等。以這種態度與人交往，建立良好人脈自然會更順利。此外，偶爾無償幫助對方，不要期待回報。只要願意付出，即使沒有立即獲得回報，未來也會受益。

建立良好的人脈對於業務員來說相當重要，尤其在談判「最適價格」時，更是不可或缺的能力。在宏天案例中，我們了解到，業務員需兼顧客戶、市場、競爭對手，以及公司本身等四個面向，才能更自信地與客戶達成最適價格的談判。這些資訊通常來自產業供應鏈中的上下游合作廠商。與上游供應商建立良好的人脈關係，能讓業務員更迅速、更精確地掌握市場價格、品質等資訊，以及其他可能影響客戶決策的因素。例如，當客戶提及上游供應商每公斤報價100元時，業務員需利用人脈查證價格是否符合市場行情，是否有其他因素影響價格的真實性，如品質問題或庫存出清等。了解真相後，業務員才能與客戶進行更有根據的談判，制定出更適當的價格。若缺乏人脈或管道查證價格真實性，業務員將因銷售壓力而無法獲得市場最佳價格，進而導致公司損失應有的利潤。

04

專業知識

業務員可以透過吸取專業知識來提升自信，進而贏得客戶信任，達到提升業績的目的。

在業界中，對於業務員的認知常存在一個錯誤觀念，即「生意沒有訣竅，便宜就會有訂單」。然而，在科技不斷進步、全球競爭日益激烈的環境下，沒有專業素養難以在市場中立足，更無法獲得可觀利潤。大前研一曾提出，擁有高超的專業知識、技能和道德觀念，保持顧客至上的信念，勇於探究新知識，並嚴格自律，才可稱之為專業人才。

許多業務員都有類似經驗，初次接觸新客戶時，常會心生畏懼。即使已經站在客戶公司門口，也常因擔心無法回答客戶問題而猶豫不前。因此，業務員必須具備基本的專業知識和能力，才能自信地與客戶對話，進而建立客戶對業務員的信任，達成業績目標。

專業知識對業務員的價值不容忽視，它能提升自信心，贏得客戶信任，最終帶來業績提升。當客戶有任何疑問時，他們會第一時間想到你，因為你不僅是業務員，更是一位「專業諮詢顧問」。

通過學習和實踐，不斷提升專業能力

作為一名優秀的業務員，充實產業知識和對公司產品的深刻見解是基本必備的。了解產品名稱、特性、功能、價格和交貨期等資訊，能為客戶提供適當的建議，有效解決客戶的問題。獲取產品資訊的途徑包括從開發人員身上學習、閱讀產業雜誌和書籍、請教資深同事、參觀工廠、親自使用產品等。業務員愈深入了解產品資訊，愈能在客戶面前展現專業知識，提升自信心和解決問題的能力。

業務員的專業知識愈豐富，愈能有效與客戶達成最適價格的協商。首先，業務員必須了解產品在市場中的定位，以確定價格區間。其次，找出客戶購買產品的目的，評估產品為客戶帶來的價值。業務員必須運用專業知識與客戶對話，了解其需求並提供解決方案。此外，業務員還需要了解客戶使用我們產品所生產的產品類型、附加價值和替代性等，以便在價格談判中掌握更多籌碼。

05

解決問題能力

作為業務人員，需迅速應對客戶提出的問題，並做出深思熟慮的決策。因此，培養良好的思考能力相當重要。

根據學者鍾憲瑞研究，在商業世界中，業務人員需設定工作目標，如銷售量、營業額和帳款回收等。然而，目標與實際結果之間常有落差。若結果優於目標，則無需太過關注。但實務上，結果往往低於目標，這就產生了問題。這些問題可能由多種原因引起，需深入探究其真正原因，以澈底解決問題。因此，具備優秀的思考能力是解決問題的關鍵。業務人員常需迅速應對客戶提出的問題，培養思考能力可更有效地解決這些問題。儘管每個行業有不同的專業知識和領域，但要能有效解決客戶問題，思考能力不可或缺。批判性思考是一種方法，它針對某個主張、訴求、信念或資料等進行準確、持續和客觀的分析，以判斷其準確性和價值。培養批判性思考能力對業務人員並非易事，但通過以下四種思考態度的持續實踐，可提升批判性思考的能力。

（一）廣思考

廣思考是一種對問題成因進行廣泛探索的態度，即遇到問題時，先列出所有可能的原因。例如，當業務員與客戶討論訂單時，若客戶反映報價過高，這就是一個重要問題。此時，我們可運用廣泛思考的態度，整理出客戶認為價格太高的原因：

（1）報價確實較高。
（2）客戶已有固定供應商，問題不在價格。
（3）客戶希望砍價，實際上價格並不高。

面對問題時，運用廣泛思考列出所有可能的原因，能避免陷入主觀意識的情況。

（二）深思考

廣思考與深思考是探索問題的兩種方法。廣思考讓我們對一個問題進行廣泛的探索，並列出所有可能的原因。例如：

（1）如果報價真的太高。是我們成本太高？競爭對手低價搶單？還是競爭對手在清庫存？

（2）如果不是價格問題，而是客戶已有固定供應商。競爭對手是誰？為什麼客戶選擇他們？競爭對手的優劣勢有哪些？客戶的真正需求是什麼？

（3）如果客戶只是想砍價，實際上價格不高。競爭對手的價格是多少？市場價格如何？為什麼客戶要砍價？是最終客戶訂單的價格問題，還是客戶希望提高獲利？

深思考則讓人深入了解問題本質，避免治標不治本。廣思考與深思考相輔相成，都能幫助我們有效解決問題。

（三）辯證思考

面臨問題時，透過廣泛和深入的思考，我們可以掌握事件的可能成因，但仍須與事實相互驗證，才能確定真正原因。辯證思考是透過事實與道理的反覆驗證，推斷出事件的原因。例如在深思考案例中，若公司的報價被認為太高，但經市場調查及其他客戶反饋發現，沒有競爭對手的價格低於公司，則須排除公司報價過高的可能。如果報價確實過高，則須了解競爭對手的成本結構和定價目標，以推斷原因是否成立。辯證思考的優點是引入真實事實，而非僅憑理論推測事件原因。

（四）換位思考

換位思考是指從不同的立場或角度分析問題，以獲得更多觀點。例如，經過廣泛思考、深入思考與辯證思考後，我們可能會得出以下結論：「客戶只是想砍價，實際上價格不高。」然而，負責業務的人可能擔心如果不接受客戶的價格，就會失去訂單。但若從公司主管的角度分析，主管了解公司和競爭對手的成本結構、庫存壓力和報價策略，因此決定堅持原有報價。由於不同的人可能有不同的價值觀，所以從不同立場進行分析，得到的結論也會有所不同。換位思考的目的是從不同的角度和價值觀分析問題，以獲得問題真相。

上述四種思考方式，均能針對不同價值觀、論點和判斷進行評估。若欲培養良好的批判性思考能力，必須擁有四種核心能力，包括了解事實狀況、辨識資訊的能力、推論和溝通能力。透過這些能力的訓練和發展，我們可以更全面地了解問題、做出更明智的決策。

06

應變力

在現今快速變化的時代，組織快速因應變化的能力，已成為與企業定位、經濟規模、生產效率、服務品質同等重要的競爭優勢。

過去，企業要獲得訂單，只需提供品質優良且準時交貨的產品，並透過經濟規模降低成本，便可擁有競爭優勢。因此，就算業務員能力較差，仍能成功接單。然而，現今全球競爭激烈，產品同質性不斷提高，客戶的需求和問題也日益增加，業務員的應變能力變得相當重要，也是決定訂單成交的關鍵因素。例如，在B2B市場中，客戶購買行為變得愈來愈複雜，受到產品組合、交貨期限縮短和文件檢測項目等影響。因此，客戶希望供應商的業務員能根據不斷變化的需求和知識，提供客製化服務，展現應變能力。

根據客戶需求，迅速展現應變力

在企業中，常見原本表現優秀的業務員突然業績下滑，經過一段時間努力仍無法恢復。這通常是因為業務員未隨客戶需求調整銷售策略，或忽略競爭對手的變化。許多業務員習慣使用成功的銷售流程和經驗，並試圖在其他客戶身上複製這些模式，形成固定的銷售模式。但這種固定模式無法適用於所有客戶。業務員應根據客戶不斷變化的需求，展現出迅速調整的能力，而非僅依賴制式化的流程提供服務。

例如，宏天案例中，黃經理是宏天公司的業務，負責一家與Nike合作的上市公司。由於長期合作，雙方默契良好。該公司主要提供運動布料，無論是大宗規格纖維或機能性纖維的採購與研發，都會第一時間找黃經理處理。黃經理不僅贏得了該公司的信任，還在其他重要客戶的業務開發中取得不俗成績，受到公司高度重視。然而，隨著該公司日益茁壯，品牌商逐漸將研發工作交給該公司，並高薪聘請了一位研發經理帶領新產品團隊。此外，由於該公司訂單量龐大，成為各家纖維廠商爭相追逐的目標客戶，因此宏天公司面臨日益增大的低價競爭壓力。

黃經理考慮到該公司生產的高檔布料，客訴率較高。若無法確保一定利潤，公司將面臨更大風險。因此，他放棄了一部分因競爭對手低價搶單的訂單，希望維持高利潤的產品線。然而，隨著競爭對手市占率不斷上升，宏天公司銷售量逐漸下降。公司開始意識到業績下滑的問題，但黃經理向公司解釋，由於競爭對手低價搶單，若依此價格接單，加上客訴風險，將對公司不利，因此放棄了訂單。

提出因應策略，解決客戶問題

在現今供過於求的市場，各家廠商積極爭取訂單和新客戶。即使只有5%的利潤，也具有吸引力。無論客戶規模，業務員每天都面臨競爭對手的衝擊，因此必須展現應變能力，提出多個方案，而非將原因歸咎於低價競爭。對於重要客戶，業務員應思考如何抵禦競爭對手攻擊，尤其是在公司微利的情況下。失去舊客戶相對容易，培養新客戶需要更多成本和時間。此外，業務員每天面對客戶提出的各種問題，如生產技術、價格和交貨期限等。有時，問題是客戶自己造成的。業務員的價值在於解決這些問題，否則只需要一位助理報價和接單即可。要具備解決問題的能力，業務員需要誠信、主動積極、同理心、專業知識、實務經驗和批判性思考等能力的輔助。這些能力愈純熟，業務員愈能在最短時間內提出因應策略，解決客戶問題。

台灣化纖產業的領導廠商南亞化纖營業處長表示，二十年前，中國大陸的紡織產業尚未興起，台灣化纖產業在全球市占率和品質方面，已占有極為重要的地位。當時市場產品規格單純，需求超過供應，業務員只需與客戶保持良好關係並確保穩定品質，即可完成訂單，價格高低反而成為次要因素。然而，隨著中國大陸崛起，許多企業投資設備並增加產能。市場迅速轉變為供過於求，產品難以銷售。在全球市場激烈競爭下，業務員不能僅仰賴客戶關係或品質來維持業務，而必須具備應變力，找出客戶真正的需求，以因應市場競爭。

例如，當客戶要求研發新產品，並在七天內完成以符合品牌商後段加工流程時，業務員必須聯繫公司內部相關部門，協調工作流程以達成交期。由於業務員是第一線面對客戶的人員，對客戶需求最具同理心。因此，他們必須在組織中挺身而出，帶領各部門協作，展現應變力，才能在激烈市場競爭中脫穎而出。正如《哈佛商業評論》在2011年8月號的〈順應力：比變動更靈動〉一文中強調，在快速變化的時代中，企業快速因應變化的能力已成為與企業定位、經濟規模、生產效率、服務品質同等重要的競爭優勢。因此，順應變局、迎戰未來的「應變力」，成為企業致勝關鍵。

業務員是企業在市場上的代表，需要具備許多能力。首先，積極態度能幫助業務員尋找更多機會並達成更好交易，提升產品或服務的價值。其次，了解產業供應鏈的知識能幫助業務員掌握市場動向和價格趨勢，制定有針對性的定價策略。建立良好的人脈關係也是很重要，有助於業務員更快掌握市場信息，並與客戶建立信任關係，從而更有效地進行定價談判。此外，業務員還需要具備豐富的專業知識和解決問題能力，以應對各種挑戰，最終制定出科學、合理的定價策略。在快速變化的市場環境中，應變力尤為重要，能幫助業務員快速調整策略，提高定價的靈活性和效果。

—— 本 章 回 顧 ——

1. 業務員的六種能力在企業營運中的應用：

（1）新產品推出：當企業推出新產品或服務時，需利用專業知識和解決問題的能力，說明產品的價值，並與客戶達成最適價格。

（2）客戶關係管理：在維護和發展客戶關係的過程中，業務員的人脈關係和積極態度將發揮重要的作用。

（3）市場競爭：面對市場變化和競爭，具備產業供應鏈知識和應變力，能幫助企業快速適應和做出反應。

（4）危機處理：當企業遇到如供應鏈中斷或經濟衰退等危機時，擁有問題解決能力和應變力，能對危機管理發揮重要作用。

2. 業務員的六種能力在價格談判中的重要性：

（1）談判前的準備：需利用專業知識和對產業供應鏈的了解，制定談判策略並準備談判資料。

（2）建立信任關係：在談判過程中，需通過積極態度和良好人脈，建立與客戶的信任關係。

（3）處理問題：談判中出現問題時，需運用解決問題能力和應變力來應對和解決問題。

(4) 達成價格協議：最終需綜合運用這些能力，與客戶達成滿足雙方需求的「最適價格」。

3. 業務員應對價格戰的六種能力：

(1) 積極態度：面對價格戰，需保持積極心態，尋求解決方案，而非被動跟隨競爭對手。

(2) 產業供應鏈知識：了解產業供應鏈，掌握競爭對手的成本結構和價格策略，以制定應對策略。

(3) 人脈關係：良好的人脈關係可幫助業務員獲得市場第一手信息，及早發現並應對競爭對手的價格變化。

(4) 專業知識：需從產品價值、客戶需求、市場趨勢等角度，分析價格戰的影響，尋找應對策略。

(5) 解決問題能力：價格戰會帶來市占率下滑、利潤率壓縮等問題，有解決問題能力的業務員能更好地應對這些問題。

(6) 應變力：價格戰變化無常，需具備應變力，調整價格策略、尋找新營銷方式等。

chapter SEVEN

經濟不景氣、市場急凍時，該如何定價？

各行各業都有淡旺季，
高峰期需求旺盛，低峰期銷售低迷。
在經濟衰退期間，
經理人應了解衰退原因、類型與影響，
並進一步研究影響經濟復甦的因素，
以利規劃未來方向，做出最佳決策。

01

市場急凍對企業的影響

在2020年新冠疫情爆發後，各國實施封城措施和鎖國政策，以抑制病毒擴散，幾乎所有活動停擺，門市和機場的客流量降至最低。除了民生必需品，其他消費品幾乎無人問津，導致許多企業的訂單急速減少、營收銳減。此外，許多企業面臨訂單暫緩或取消，市場需求崩塌，供需失衡，供過於求導致價格下跌，買方在市場中處於主導地位。若市場供給大於需求，廠商將面臨許多挑戰，包括產能利用率不足、庫存壓力、價格壓力、銷售壓力和成本壓力等。

首先，由於市場訂單減少，廠商不得不減產，導致機台開動率低，員工無法正常上班。為因應市場情況，廠商可能會實施休假、輪休、減薪、無薪假甚至裁員等措施。

其次，市場急凍時，若只剩下平時的一半訂單，未銷售的產品會堆積在倉庫，造成庫存和資金壓力。

第三，市場訂單減少時，每張訂單都成為競爭目標，買家也會掌握主動權。為提高機台開動率或去化庫存，廠商不得不降價求售。為了爭取訂單，同業間削價競爭，使價格壓力加劇。

第四，市場訂單衰退時，經理人可能會告知業務人員，公司的產能才占市場的5%，應不難銷售。但每家客戶幾乎都有固定供應商，市況不佳時，客戶購買意願較低，業務員達成業績目標相當困難。

最後，為達到損益平衡，多數公司會減少支出，如尋求較低原料成本、削減行銷成本、刪減新產品開發案等，這會進一步增加成本壓力。

經濟不景氣是企業所面臨的一大挑戰，對供應商、公司、員工、股東與下游客戶，都會帶來相當大的影響。中小型企業尤為艱難，因其利潤本已微薄。在經濟復甦時間難以預測的情況下，一些中小型企業可能會結束營運並退出市場。這不僅影響企業本身，還會對整個供應鏈和市場產生波及效應，因此需謹慎考量。

經濟復甦的型態

企業在面對經濟衰退時，需採取適當的應對措施，但在制定策略之前，必須先了解衰退的持續時間。預測經濟衰退的持續時間，對企業的應對措施至關重要。以紡織產業為例，2020年新冠疫情爆發後，品牌商關閉實體店面，下游布料供應商開始暫緩出貨或取消訂單，導致織布廠不得不降低產能應對。然而，即便產能下降，布料仍難以銷售。此外，經濟復甦時間也不可預測，許多經理人預測需要一年或更長時間才會逐漸復甦。

在這種情況下，消費品服飾滯銷，但歐美對防護衣的需求很高。因此，下游織布廠紛紛降價爭取防護衣訂單，以提高開工率。許多經理人認為，儘管防護衣訂單無利可圖，但至少能讓員工有工作，維持基本開銷。由於經濟復甦預測遙遙無期，許多廠商接下了一年的防護衣訂單。但是，隨著各國逐漸解封，經濟開始復甦，訂單需求急劇增加，帶動整體價格上漲。這使得當時接下一年防護衣訂單的廠商，因沒有多餘生產線爭取新訂單，損失了許多本應獲得的利潤。若能準確預測經濟衰退的持續時間，將有助於經理人制定更適當的因應方案。

1975年，經濟學家希斯金（Julian Shiskin）指出，連續兩季GDP衰退可視為經濟衰退的指標。根據經濟復甦速度，可分成三種型態：V型復甦、U型復甦和L型復甦。

1. V形復甦：急遽跌落，然後急速回升

V型復甦是指經濟急遽下降後迅速復甦，短期內補償

之前的損失。換言之，若經濟連續兩季下滑，接下來兩季將出現反彈。由於衰退與復甦呈現V型曲線，故稱之為V型復甦。當企業或消費者能快速恢復到經濟衰退前的消費習慣時，通常屬於V型復甦。例如，2020年的COVID-19疫情對台灣的影響即為V型復甦，疫情影響了2020年前兩季經濟衰退，但第三季後逐漸復甦，帶動2021年的高成長需求。一般來說，流行病後的經濟多呈V型復甦，如1968年香港的H3N2、2002年的SARS，以及2020年的COVID-19等。

2. U形復甦：急遽跌落，經過一段時間才急速回升

U型復甦是指經濟急遽下跌後，沒有立即反彈，而是經過一段時間才開始急速回升至衰退前的水準。換言之，若經濟連續兩季衰退，之後停滯約1～2年，才大幅成長，即為U型復甦。U型衰退的底部時間較長，將造成永久性的經濟損失，並伴隨高失業率等問題。例如，2008年的金融海嘯即屬U型復甦。

3. L形復甦：急遽跌落，無法回到衰退前的水平

L型復甦是最不利的型態，指經濟快速下跌後，無法恢復到衰退前的水平。這種情況下，企業和消費者都面臨不明朗的前景，經濟進入長期停滯狀態，持續數年甚至更久的時間，並可能帶來企業破產和高失業率等社會問題。1930年的經濟大蕭條是L型復甦的典型例子。大多數國家的經濟在1930年開始下滑，持續到30年代末，甚至是40年代末。

上述談到經濟復甦的三種情境：V型、U型和L型復甦。V型復甦是一種典型的經濟衝擊，即經濟在衰退後迅速復甦，回到原本的成長水平。U型復甦則表示經濟衰退後，有部分產出會受到永久損失。最糟糕的是L型復甦，意味著經濟受到結構性傷害，嚴重影響其成長。

02 裁員或實施無薪假？

當經濟衰退時，訂單減少導致產能利用率不足，企業面臨閒置人力成本的重擔，通常在衰退初期會採取削減人事成本的措施，如裁員、縮短工時、減薪或無薪假等。

裁員是對於復甦的錯誤評估

2020年疫情爆發後，市場普遍預估經濟復甦至少需要一年。然而，由於各國採取有效的應對措施，短時間內疫情得以控制，經濟出現了V型復甦，即在兩個季度內恢復成長。一些企業卻選擇裁員以應對經濟衰退，認為小規模裁員不會對公司運作造成太大影響。他們擔心經濟衰退會持續，因此裁員能夠長期省下成本，但裁員真的是最佳方案嗎？

企業裁員後，表面上似乎能降低成本、提高獲利，但每位被裁員的員工通常有六個月的資遣費，這意味著公司需六個月後才能開始節省成本。此外，2020年疫情引發的經濟衰退復甦時間比預期短，大約五個月內即開始復甦，並帶動了2021年的逆勢大幅成長。由於訂單短期內回升且交期急迫，一些企業在裁員後因人手不足，不得不放棄部分訂單。即使緊急招募並訓練新員工，也需要一定時間才能具有生產力，而裁員支付的資遣費尚未開始為公司省錢。因此，經濟衰退時，經理人必須評估經濟復甦的類型（V型、U型或L型），以選擇適當的因應措施。

案例

祥聖針織
——不裁員的堅持

位於台灣中部的祥聖針織成立於1982年，是一家針織布料製造商，擁有紗線、織造和染整等方面的高度專業能力。公司專注於為服裝、鞋類、箱包材等品牌製造商，提供創新、具有機能性、環保和永續的布料。

公司總經理蔡宗榮回憶起2008年的金融危機，儘管衰退時間長達一年半，但市場訂單縮減並未像2020年新冠疫情引發的衰退那樣嚴重。疫情爆發後，祥聖針織的業務量急劇下滑，客戶訂單陸續暫緩或取消，營業部門重新彙整後發現，公司產能只能支撐一個月的生產，此後並未接到新訂單。

當時市場預估至少需要一年才能復甦，整個產業都受到疫情影響，營收大幅下滑，利潤減少。同業中已有企業以「組織重整」為名，採取裁員或優惠退休等措施，以降低成本維持競爭力。蔡宗榮總經理思考，是否有其他更好的應對方案，而不僅僅是裁員？

祥聖是一家製造業公司，主要成本包括原物料和人事成本。經濟衰退時，訂單減少使原物料成本降低。但人事成本常占總成本的30%～40%，要削減這部分較為困難。一般企業面對衰退時，最直接的做法就是裁員，當裁員比例達到10%，即可大幅提高企業獲利。然而，蔡總經理認為企業的責任在於善待員工，以維持信譽和長期經營，因此反對裁員。裁員會打擊士氣，耗費企業至少一年的重建時間，且難以準確評估衰退期長短。

經與領導團隊開會後，蔡總經理決定實施無薪假方案。該方案旨在讓員工留職停薪，並通過縮短工時，盡量讓每位員工有基本收入，減少對生活支出的影響。因此，蔡總經理制定了無薪假方案。當訂單減少時，除週休二日外，視訂單數量安排休假及輪休，初期安排星期五休假，後續依訂單狀況調整。然而，特休假是他們的優先方案，若今年特休假已用完，可借支明年度的特休假。無特休假的員工，休假當天不給薪，但不扣全勤。這次經濟衰退因疫情造成，市場評估需一年復甦，實際約五個月即復甦，他深信「無薪假」是正確的決策。

祥聖針織的故事提醒我們，在商業運作中，人道和道德原則有時比短期利潤更重要。成功的領袖不僅需要戰略智慧，還需要人性智慧。此外，該案例亦彰顯在危機中堅持核心價值的重要性，並挑戰了傳統的危機管理觀念，展示了企業領袖在困境中的勇氣和智慧。

03

減產還是降價？

當經濟衰退、市場緊縮、供需失衡及市場萎縮時，企業經營者必須正確因應，以免影響公司的生存與發展。企業經理人通常會採用兩種對策：一是降價促銷，以提高銷售量，增加產能利用率和員工收入；另一是減產以維持產品價格，避免產品價值下降。不論採用何種策略，都必須在深入評估經濟復甦週期後，制定最適當的對策。

（一）降價促銷，度過衰退週期

為了度過衰退期，企業若以營收為目標，應考慮降價，以提高銷售量。這樣才能確保企業維持一定的銷售量，充分運用員工生產力，同時避免產品庫存堆積，減少資金和倉儲費用的負擔。此外，在需求低迷的情況下，競爭對手可能削價搶單，降價也是一種應對策略。

例如，祥聖公司在經濟衰退期間訂單銳減，必須考慮降低生產量以應對市場過剩的產品，並實施無薪假以降低支出。此外，為了提高機台利用率，公司會盡量接受訂單，只要售價高於變動成本，就不會放棄。雖然祥聖公司屬於高固定成本的紡織製造業，但在降價情況下，也不一定會虧損。然而，由於市場復甦時間無法預測，蔡總經理決定不接長期訂單，而以「撐過去」為目標，降低風險。總之，企業在面對經濟衰退期時，不應以獲利為首要目標，而應以「撐過去」為目標，考慮降價促銷，避免產品堆積、減少支出，以度過難關。

2020年新冠疫情爆發後，市場對景氣復甦持悲觀態度，預期低迷至少持續一年。為了維持產能，部分廠商接下半年以上的訂單。但隨著景氣逐漸復甦，原物料價格攀升，產品價格隨之上漲。復甦後需求旺盛，同業接單獲利提高，然而，先前接下低價訂單的廠商，無法及時接受高價新訂單，導致復甦後獲利減少，並在完成低價訂單時不得不購買高價原物料，進而虧損。因此，企業若能對經濟衰退可能的復甦型態進行系統分析，將有助於採取正確的應對方案。

（二）減產以求維持價格

以獲利為目標的企業在經濟衰退、市場緊縮或供過於求時，應採取減產以維持價格的策略，才能保持公司的獲利能力。以新冠疫情為例，各國經濟衰退導致原油需求下降，市場供過於求，石油輸出國家組織與結盟油國（OPEC+）採取減產的方式，以提振原油價格。若不減產，市場供應過多，價格就會下滑。因此，減產是為了維持價格，以達成企業獲利目標。相反地，降價將直接影響獲利，因此企業不應輕易採取降價策略。

在案例7-1中，祥聖針織公司生產運動內裡布料，每公斤售價100元。在此價格下，每月銷售量達10萬公斤，變動成本每公斤60元，固定成本300萬元。價格、銷售量與和成本是影響企業獲利的三個因素。以下針對五種不同情況計算獲利差異：

- **情況A：** 經濟穩定時，售價100元，銷售量10萬公斤，營收1000萬元，扣除固定成本300萬元和變動成本600萬元後，獲利100萬元。
- **情況B：** 售價不變，但銷售量減少5%，營收降為950萬元。扣除固定成本300萬元和變動成本570萬元後，獲利80萬元，相較情況A減少了20%。

- **情況C：**價格下降5%，但銷售量保持不變，營收亦為950萬元。扣除固定成本300萬元和變動成本600萬元後，獲利50萬元，相較情況A減少了50%。
- **情況D：**價格下降5%，且銷售量減少5%，營收為902.5萬元。扣除固定成本300萬元和變動成本570萬元後，獲利32.5萬元，相較情況A減少了67.5%。
- **情況E：**價格下降10%，且銷售量減少30%，營收為630萬元。扣除固定成本300萬元和變動成本420萬元後，虧損90萬元。在此情況下，企業可採取削減人事成本、裁員、實行無薪假、減薪等方法來減少成本。

在經濟衰退期間，供需失衡的情況下，企業難以維持價格與銷售量的穩定。一般來說，面對銷售量下降或競爭對手降價，企業經理人往往會考慮降價。然而，經濟衰退時，企業應以減量而非降價來因應，原因如下：

1.降價會大幅減少獲利

降價會直接影響企業的獲利表現。例如，在C狀況下，若價格降低5%，獲利就會減少50%，由100萬降至50萬。然而，在B狀況下，即使銷售量減少了5%，因變動成本也會隨之降低，獲利僅減少20%，由100萬降至80萬。因此，從獲利的角度來看，企業應該讓銷售量下滑，也不應該降價。

2. 即使降價，也很難維持銷售量

即使企業採取降價的措施，也很難維持銷售量。依據經濟學的觀點，經濟衰退會導致需求減弱，需求曲線下移（如圖7-1）。消費者因不確定的經濟前景而減少消費，寧願留住現金。同時，由於市場需求減弱，競爭對手也可能降價，導致市場價格全面下滑，使企業獲利與銷售量均難維持。舉例來說，若是處於D型狀況，售價與銷量都下降了5%，獲利將大跌67.5%。而在2022年的經濟嚴重衰退中，可能會出現E型狀況，價格下降10%、銷售量下降30%，導致整體營收減少37%，企業虧損90萬，可能需要削減人事成本來降低虧損。

在市場危機出現時，企業常會採取減產或降價策略來度過衰退期。然而，在需求減少的情況下，企業須冷靜應對，而非盲目降價接單，否則可能導致市場供需失衡的惡性循環。減產對市場和企業都有利，能幫助維持價格穩定。例如，紡織產業面臨2022年經濟衰退時，許多廠商採用輪班制或關閉部分工廠來降低生產量。雖然無法完全避免降價，但不減產可能會造成更嚴重的損害。

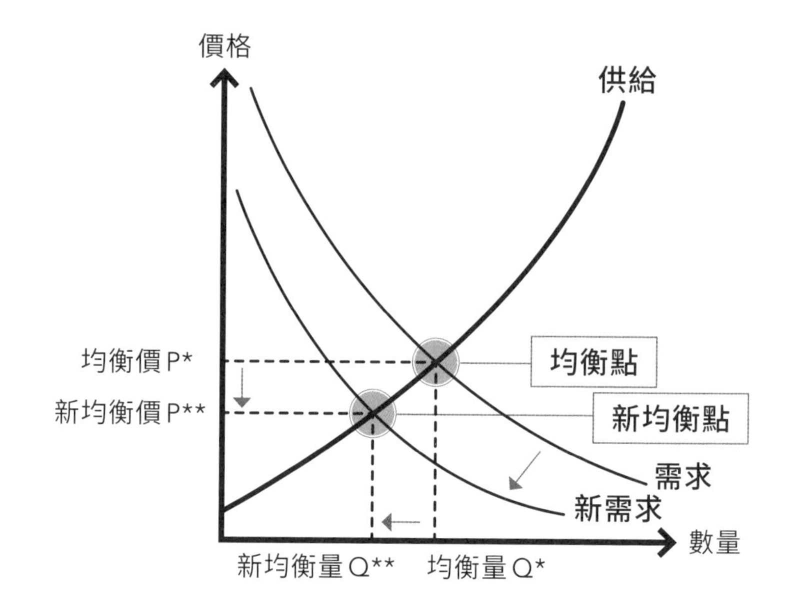

圖 7-1 需求下降的供需曲線圖

經濟衰退期間，產能過剩是一大挑戰。當產業進入成熟階段，企業過度樂觀或未能察覺產品進入衰退期時，產能過剩問題就會出現。這不僅限於傳統產業，也適用於新興產業，如紡織業、汽車業、觀光飯店、半導體和智慧型手機等。紡織業管理人員表示，每家企業都面臨產能過剩的問題，為了提高市占率和削價競爭，最終無法獲利，唯有減產才能解決此一問題。2008 年經濟大蕭條期間，一家上市化纖廠退出市場，其他同行也被迫降低產能，最終化纖產業藉由減產才恢復盈利。然而，如果一家企業減產，而其他同行仍維持原有產能，並利用機會增加市占率，減產的企業就可能失去市場地位。所以，企業實施減產措施時，也需要關注競爭對手的動態。

提升需求的方法除了減少產能外，還可以開拓新的成長空間。企業需找到可成長的市場，並評估可行方案。所謂的可成長空間是指企業可開拓的市場，扣除現有無法獲得的部分，即競爭對手的忠實客戶和游離客戶。企業的忠實客戶是已經取得的市場，因此在景氣衰退時，鞏固這些客戶最為重要。但若忠實客戶的訂單減少了30%，公司就必須從游離客戶中尋找增長機會。如果成功爭取到這部分客戶的訂單，企業就有機會維持銷售量。

企業尋找可成長市場的方式有很多種，例如產品類別、市場區隔、價格敏感度、消費地點和方式，或是競爭對手等因素。紡織化纖廠商可根據客戶的價格敏感度分類，尋找可成長的市場。以星巴克為例，大多數消費者喜愛其高品質咖啡和舒適的環境，因此喝星巴克咖啡成為時尚的象徵。星巴克的忠實顧客已占90%的市占率，難以進一步成長。同時，吸引競爭對手的忠實顧客也不容易，因此必須將注意力集中在游移的消費者身上。這些消費者在星巴克和其他咖啡店之間選擇。如果星巴克能滿足游移消費者的需求，即使在經濟不景氣的情況下，當忠實顧客削減開支時，仍能藉此提高營收。

04

定價策略因應

在經濟穩定時期，市場供需趨於平衡，因此定價精確度不需要過高，只要不過度偏離市場行情即可。然而，經濟衰退且需求減弱時，定價的精準度就變得非常重要。缺乏對價格與銷售量關係的了解，經理人在景氣低迷時，往往只會降價。然而，這容易導致價格戰、獲利降低、品牌價值受損，並未能提高銷售量。以下列出一些不需要降價的定價策略，以因應經濟衰退的情況：

（一）利用促銷活動，避免直接降價

在市場不景氣時，許多企業為了維持銷售量，往往急著降價。儘管短期內對營收有幫助，但長遠來看，折扣會損害產品價格和品牌價值。以美國休閒服飾品牌A&F為例，

2000年經濟衰退期間，他們將產品售價調降15%，期望提高業績，結果經濟回溫後，公司品牌在消費者心中受損，市占率也下滑。直到2004年，A&F才調漲價格並重建品牌形象。在2008年金融海嘯中，A&F吸取教訓，調高售價提升品牌形象。因此，在市場不佳時，不應盲目降價，因為降價不僅損及品牌價值，也削弱企業競爭力。

在不景氣的市場中，促銷有助於銷售，但應避免直接降價，可以考慮現金退款或提供其他商品（服務）作為替代。這樣既維持了原本價格，不會造成市場價格崩跌，又可在經濟復甦後以原價交易。另一種方法是提供等值贈品，以取代直接降價。由於贈品成本低於售價，對公司而言更有利。此外，贈品的提供可以提高銷售量，讓公司員工保有工作。

1.贈送額外的商品

在經濟衰退時，企業都希望鞏固銷售量，並維持產能利用率，而降價並非最佳選擇，更有效的方法是在不降價的前提下，提供顧客額外的商品。以下是三個常見的促銷方案。

（1）在零售業中，常會推出「購買五件商品後，第六件免費」的促銷方案。例如，一件售價1000元、成本700元的商品，若採取買五送一的促銷，相當於每件商品的售價降至833元，即折扣16.7%。

顧客需一次購買六件商品，花費5000元，為廠商帶來800元的獲利。相比之下，若直接提供16.7%的折扣，售出五件商品的收入僅為4165元，獲利僅有665元。此外，直接提供折扣容易讓消費者形成價格期望，景氣復甦後難以調回原價。

(2) 在景氣低迷時，迪士尼沒有直接調降星光票價格，而推出「買四晚送三晚」的促銷方案。讓遊客享受減價的優惠，同時迪士尼保持了星光票的價格。此外，這種促銷方案還避免迪士尼品牌形象在消費者心目中下滑。

(3) 家具廠商通常會選擇贈品取代降價折扣，以滿足顧客需求。這種促銷方案不僅提高產能利用率（同樣金額的購買可賣出更多家具），還能增加邊際貢獻。具體而言，製造商和顧客對贈品的價值感受不同。對顧客而言，贈品的價值以零售價格為基準，因此他們會感覺贈品的價值更高。但對廠商而言，贈品僅需付出變動成本，同時還能提高銷售量，增加產能利用率，進而提高邊際貢獻。這種折扣方式不僅滿足顧客需求，也幫助廠商在市場上保持競爭優勢。

贈品促銷的優勢在於提高銷售量、提升員工利用率並增加利潤，且不會讓消費者形成低價印象。此外，這種促銷方案在短期經濟低迷時，能提高銷售量，景氣復甦後也較易停止。

2. 不針對商品本身降價

在經濟低迷且客戶要求降價的情況下，企業應將注意力轉向非核心產品或服務。例如，在汽車產業中，克萊斯勒針對非核心產品「汽油」實施折扣，而非降低汽車價格。他們向新車買主提供汽油折扣，未來三年內每加侖汽油價格低於2.99美元，以補貼新車使用的汽油成本。另外，通用汽車於2001年實施零利率購車專案，對汽車融資實行折扣優惠，但汽車本身價格並未降低。這些創意方案能讓產品價格穩定，同時滿足客戶需求，提高銷量。

紡織產業中的化纖廠也能提供創意促銷方案。例如，某上市公司面對一位長期合作的外銷客戶，客戶希望公司降低原料成本以度過危機。其他供應商提供相同價格優惠，客戶要求該公司也提供降價優惠。化纖廠經理人深思熟慮後，決定與客戶達成「延長付款條件」的優惠專案，而非直接降價。原本的交易條件是信用狀交易30天，現在改成信用狀交易60天。由於客戶可延後付款，現金周轉更靈活，因此客戶也欣然接受這項提案。

（二）產品分級的三階段定價法

當經濟疲軟時，企業通常會降價以提高銷售量，但全面降價會降低利潤，且非必要之舉。即使在經濟低迷期間不降價，企業仍可保持七到八成的銷售量，並非所有客戶都需要降價促銷。相同的產品或服務可針對不同客戶需求，收取不同價格。產品分級三階段定價法是針對不同消費能力和喜好的客戶增減產品功能，並收取不同價格，即將產品「分款」，分為好、更好、最好三個等級。例如，加油站的普通、高級和特級汽油，航空公司的經濟艙、商務艙和頭等艙，超市的可樂按容量大小區分價格。這些分級定價策略幫助企業根據市場需求和競爭環境，制定適當的價格策略，提高銷售量和利潤。

1.好（Good）

在經濟衰退且需求萎縮時，企業通常會推出品質略差、數量較少、功能較少的基本款產品，以吸引價格敏感度高或購買意願低的顧客。推出基本款產品有助於提高品牌認知度，並增加公司營收，特別是在消費性產品市場中效果顯著。此外，基本款產品還能促進相關互補商品的銷售，進一步提高收入。以iPhone SE手機為例，其售價約為iPhone X的三分之一，但每賣出一部SE手機就會帶來額外收入，包括iTunes、iCloud儲存空間和手機殼等配件的銷售。因此，推出基本款產品是企業在市場低迷時期增長和提高利潤的有效策略。

2. 更好（Better）

在推出基本款產品後，公司可將現有產品轉換為「加值版」，避免直接打折或特惠促銷對現有產品造成的影響，並維持產品品牌價值。這不僅為消費者提供更多選擇，還增加了銷售收入，且不影響現有產品的品質。這種策略在經濟衰退時特別有效，因為消費者更關注價格，但也不想失去產品品質和品牌價值。因此，推出基本款產品和轉換現有產品成加值版是促進銷售和保持品牌價值的有效的行銷策略。

3. 最好（Best）

公司推出頂級產品或服務方案，主要有兩個目的。首先是提高營收，例如，香港迪士尼推出「迪士尼尊享卡」快速通道付費方案。在旅遊旺季，正常排隊等候遊樂設施需耗時逾2小時，而尊享卡快速通道可避免排隊，提供便利的付費方案。尊享卡快速通道分為三種方案：單項、三項和八項設施快速通行證，價格分別為約300元、600元和1256元。這種付費方案吸引了許多不願排隊的旅客購買，也大幅提升了迪士尼的利潤率。

其次是產生價格錨定效應，提升整體品牌價值。這種策略主要目的是通過推出價格較高的頂級產品或服務方案，以提升品牌價值，並為加值版產品創造價格錨定效應。例如，某日本料理店推出1500元的頂級套餐及980元的A套餐，大多數消費者會選擇較便宜的A套餐，因其顯得更具價值，這種策略可以提升加值版產品或服務方案的銷量。

在經濟衰退時，實行好、更好、最好的三階段定價法可帶來多重效益。首先，推出頂級產品可提升企業整體品牌形象和利潤率。其次，推出低價陽春版產品可吸引大量新客戶和價格敏感客戶，以提升營收。第三，如果直接降價，消費者認知到降價後的價格，景氣復甦後調回原價，容易引起顧客抗拒。然而，三階段定價法在景氣復甦時，可讓企業撤掉基本款產品，繼續以原價銷售現有產品而不會引起反彈。最後，三階段定價法能讓顧客從「買或不買」轉變為選擇適合的產品，提高購買意願。因此，三階段定價法在經濟衰退時能帶來穩定收益和利潤，增強品牌形象和客戶忠誠度。

（三）透過區隔化、以價值為基礎的方法來定價

企業應針對不同支付意願的顧客，設定差異化價格，以獲得更多利潤。這種策略在經濟學上稱為「價格歧視」，雖

然名詞聽起來不妥，但顧客願意為更好的服務支付更高價格。老年人和學生可享有優惠折扣，其他顧客則支付更高價格，購買更好的產品或服務。經濟學中的「向下傾斜需求曲線」顯現，價格是影響大多數人購買行為的主要因素。

在經濟衰退時，企業應透過產品和服務區隔，設計符合顧客需求的產品和服務。當產品（服務）等級提升或降低時，只要符合顧客需求，他們就會接受相應的價格。頂尖顧客願意支付更高價格獲得更好服務，企業可從這些顧客身上獲得更高利潤，如飛機頭等艙。企業應根據不同顧客需求，制定差異化的價格策略，從而提高利潤和市占率。

當市場訂單減少時，企業通常會採取措施維持銷售量，或爭取游離顧客的訂單。一種常見方法是推出價格較低的第二品牌產品，即打手品牌。2022年經濟衰退期間，紡織聚酯加工絲廠商的訂單量減少約四成，於是推出次一級產品，以滿足顧客對於黑、白色訂單的需求，這類訂單占市場的30%。在市場穩定時，廠商通常能滿足各類需求，但在市場下滑時，次一級產品可填補閒置產能，滿足下游廠商的品質和成本要求。這樣既能爭取額外訂單，又無須擔心品質問題帶來的賠償風險，不影響現有客戶的70%銷售價格，而且在經濟復甦之後，可以隨時撤銷該產品，回到原本的價格。

爭取價格敏感度高的客戶訂單時，齊頭式折扣促銷可能損害利潤，故需建立區隔圍牆策略。這樣可以將折扣準確提供給價格敏感度高的顧客，而非那些願意支付全價的顧客。例如，零售商推出優惠券，只有出示優惠券的消費者才能享受折扣；而不在意價格的消費族群，則不會收集優惠券，願意支付全額。高鐵的離峰時段折扣票價、早鳥票價等，也是以時間區隔顧客，吸引精打細算的旅遊客。企業必須了解不同區隔客戶的需求，設計區隔圍牆策略，以吸引價格敏感度高的顧客，提高銷售量，同時避免將折扣提供給原本就會支付全額的顧客，導致損害利潤。

（四）實施新定價模式

根據貝恩顧問公司（Bain）對1,700多家企業高層的調查顯示，大多數B2B企業在定價策略方面仍有待加強。其中85%的受訪者表示，公司在價格和折扣結構、銷售獎金制度、工具和追蹤使用，以及跨職能定價團隊與論壇的結構方面，還有進步空間。僅有15%的公司認為自己擁有合適的定價策略。

舉例來說，有一家紡織化纖廠商在產品品質和服務方面，與競爭對手不相上下，但利潤率卻遠低於競爭對手，面臨低利潤問題。其主要原因在於公司追求高市占率，導致業務員的銷售獎金與定價策略不符。公司的銷售獎金制度基於銷售量來決定獎金，因此業務員為了完成訂單，往往在價格上讓步，只要有些微利潤就成交，結果使公司失去了許多潛在獲利。

有些企業在定價策略上表現優異，透過數位方法提高定價準確度，以確保公司獲得應有的利潤。這些方法包括以下三種：

1.動態交易資訊

企業可利用過去交易價格、目前顧客區隔、偏好資料，以及相關定價資訊，為每筆交易進行客製化定價。

2.演算法定價

利用市場價格、顧客和供需狀況，以及競爭對手的定價方式，制定符合市場的價格。

3.A／B測試

企業透過A／B測試擬定兩種版本，讓顧客選擇較吸引人的版本。此外，也可搭配內外部環境進行A／B測試，快速決定存貨數量，進而決定最適合的價格區間，以達到銷量與利潤目標。

企業應針對超級客戶推出新的營收和定價策略，提供有意義的折扣價格，以滿足雙方需求。透過大規模銷售和適當定價，企業可提高銷售量。此外，超級客戶也能享有實際的促銷和所需產品與服務，而不僅僅是傳統的交易模式。以萊爾富超商為例，該公司在2016年推出咖啡寄杯促銷，顧客一次購買即可跨店分次領取。2017年，接續推出雲端超商App，將咖啡寄杯功能數位化。2020年的寄杯營收約占咖啡營收的30%，達到4.5億元。寄杯活動讓消費者預先儲值於會員卡，為超商注入免利息的營運資金，並提高顧客忠誠度，消費者購買50杯咖啡後，提高了荷包占有率，且促進來店次數，進而帶動其他商品的消費。

—— 本章回顧 ——

1. 面對經濟衰退，整個供應鏈和市場受到波及，影響深遠；中小企業尤為艱難，可能因利潤微薄而退出市場。
2. 經濟復甦的型態：
   (1) V型復甦：經濟急劇下降後迅速反彈，短期內補償損失。
   (2) U型復甦：經濟急劇下降後，經過一段時間才恢復。
   (3) L型復甦：經濟急劇下降後，長期無法恢復至衰退前水平，進入長期停滯。

chapter EIGHT

如何因應競爭對手的價格戰？

當品質、功能和服務差異不大時，
企業常用價格作為短期行銷手段，
以避免客戶流失或提高市占率。
儘管價格是有效的行銷工具，
但同業間相互降價競爭，
將導致雙方都無法獲利。

01

國內外各行業近年大型價格戰

2001年，台灣超商龍頭7-11推出新的促銷方案，以40元超低價銷售原價55元的國民便當，引起市場熱議。這項促銷計畫在三週內賣出一百五十萬盒國民便當，並帶動店內周邊食品的銷售。受此影響，競爭對手如全家超商也推出售價38～39元的低價便當應戰。7-11的40元國民便當毛利約為10%，但投入大量廣告和行銷費用後，幾乎無利可圖，反而引發一場超商便當價格戰。

1991年，美國航空業面臨載客率低迷的困境，業者紛紛推出優惠專案以增加市占率。其中，美國航空公司推出了不同票價方案，分為頭等、一般、7天前預購的優惠價，以及21天前預購的特惠價，並依據里程數計算票價，比票面價更低。此舉引起聯合航空與達美航空跟進，三者市占率約在17%～19%左右。而中型業者如大陸航空、西北航空和全美航空三家，市占率各約9%；小型業者如美西航空、西南航空和環球航空，市占率各約4%。

僅三天後，環球航空推出比美國航空低10%～20%的票價，其他航空公司紛紛跟進，美國航空不得不在部分航線推出優惠方案。這些優惠措施提升了載客率，但也帶來歷史性虧損。1992年3月～6月間，美國三大航空業巨頭的股價至少跌了20%。整個美國航空業在1992年的損失，超過了其成立以來的總獲利。

這次事件反映了市場競爭的現實，航空公司為爭取市占率，不斷推出優惠措施，導致票價下降，進而影響整個行業的獲利能力。

02 價格戰的原因

價格競爭是企業以低價吸引消費者，從而獲得競爭優勢的策略，但容易導致惡性競爭。企業降價的目的是為了在同業中取得優勢，進而增加市占率和利潤。引發價格戰的根本原因包括供過於求的市場環境、生產技術進步和全球化市場開放等。以下是引發價格戰的原因：

（一）產能過剩

產能過剩是價格戰的主因之一，根據經濟學的供需理論（見圖3-2），當供應超過需求時，價格會隨之下跌。產能過剩將市場轉變為買方市場，使消費者擁有更多選擇和議價能力，迫使企業降價搶占市場。

此外，企業之間的競爭也會引發價格戰。當同一產業中的企業市占率達到一定比例，市場價格將趨於穩定。如果某些企業試圖提高市占率，通常會使用降價策略來搶奪競爭對手的客戶。另外，新進企業的威脅也會導致產業結構趨近相同，產能自然過剩，迫使企業以低價銷售產品，進而引發價格戰。因此，價格戰雖能短期提升銷售量和市占率，長期來看卻會降低利潤，對企業造成嚴重損害。

（二）核心產品差異化縮小

在產品進入成熟階段後，市場上的產品數量增加，同質性也隨之提高，導致產品之間缺乏明顯差異。此時，企業無法以非價格因素吸引顧客，只能藉由降價來增加市占率。隨著網路普及，消費者更容易獲取產品資訊，對產品了解更深，因此價格變得更加透明，消費者往往傾向於選購價格較低的產品。因此，產品同質性提高和消費者價值選項缺乏，是企業展開價格競爭的主因之一。

（三）追求高市占率

在市場經濟中，降價促銷是企業刺激價格敏感的消費者，進行大量與重複購買的策略。即使在2023年，許多企業仍以追求高市占率為經營目標。一般來說，企業普遍認為市占率提高會帶來更高的利潤，因此，即便知道降價會影響當前利潤，他們仍會不惜降價以追求高市占率。一旦有一家廠商不理性降價，其他競爭者為了不失去市占率，也會相繼降價，引發價格戰。

（四）市場經濟體系

在市場經濟體系中，價格戰的形式因時期而異。首先，市場利潤高時，許多企業蜂擁而入，直到利潤變薄。其次，市場競爭愈激烈，對買方愈有利，供需雙方的競爭壓力增大，價格戰爭更易爆發。第三，產業進入門檻低、退出障礙高也會引發價格戰。當產業進入門檻低，容易吸引新廠商進入，導致供過於求和產能過剩。企業退出市場需承擔成本，如解雇員工等，當退出門檻高時，企業一般會選擇削價競爭以維持市場地位。

 03

價格戰前的分析

市場價格戰通常發生在利潤高、定價過高，或企業願意犧牲獲利以換取市占率的情況下。價格戰頻繁出現，乃因企業經理人或業務主管認為降價是簡單、快速且有效的策略。因此，經理人需要了解價格戰的原因，預測可能發生的時間，並仔細分析客戶、公司、競爭對手，以及產業內外相關企業的關係。當價格戰發生時，經理人需要知道如何運用資源制定對策，包括回應競爭對手降價的時間與方式，決定何時正面對決、何時忽略，或何時主動發起價格戰。對於經理人而言，了解以下四項議題是非常重要的：

（一）分析顧客區隔及價格敏感度

在激烈的市場競爭中，企業必須分析客戶的價格敏感度及其關心的要素，以制定有效對策。面對競爭對手的降價，有時需正面回擊，有時需推出其他方案。以B2B企業為例，價格敏感度高的客戶通常只關心價格，傾向選擇價格最低的供應商。然而，只注重短期訂單價格的企業，難以提高長期競爭力。大部分廠商對品質、交期、功能、服務等方面的敏感度高於價格，願意支付較高價格以獲得準時交貨或穩定品質，而避免交期延誤或品質異常等問題。這不僅在短期內影響獲利，更會在長期內失去客戶信任，影響公司形象。

以紡織產業中的經編織布廠為例，即使機台設備相同，由於用途不同，價格也會有所不同。例如，群益經編廠專門生產籃球運動服，訂單量大但競爭激烈，對品質和技術要求不高，所以價格通常在變動成本範圍內波動。對於此類企業，價格高低對獲利至關重要。而宏昌經編廠則專注於鞋材市場，布種和結構變化多樣，訂單量少但品種繁多，需要的原材料種類也較多。此類企業的市場策略是差異化，因此利潤率會高很多，但原材料品質和交貨期也非常重要。在不同時間、產品和客戶區隔下，價格敏感度和需求有所不同。當競爭對手降價時，企業應根據客戶的價格敏感度，制定不同的價格策略，而非採取單一策略。

（二）評估公司能力

經理人必須仔細評估公司的成本結構、生產能力、財務狀況、技術水準與策略定位，才能在面對價格戰時定出有效的因應方案。隨著科技進步或經營策略改變，公司成本結構也會跟著變化。即使產品有降價空間，投入價格競爭往往兩敗俱傷。

一般而言，B2B企業需購入零組件或原材料，再加工為半成品或成品。對於零組件，公司會考慮外購或自製。外購的優點在於沒有生產數量的負擔，尤其在供需失衡時，價格可能會被壓低。自製則需先投入生產設備，成本大多為沉入成本與固定成本，而購買零組件的成本屬於變動成本。

為了降低成本，企業除了要達到一定的規模經濟，並隨時間提升學習曲線外，還可以採取垂直整合的方式。垂直整合的企業通常具有高固定成本和低變動成本。由於變動成本較低，企業認為有降價空間，故而選擇降價以提高銷售量。然而，若所有廠商都陷入降價泥沼時，市場將變得不穩定且價格混亂。經理人需考量降價是否符合公司的策略定位，除非確信降價後不會有競爭對手跟進，否則不應輕易降價。

企業在制定價格策略時，應與整體策略定位一致。例如，若公司的策略定位是獲利，而非市占率，即使擁有低變動成本的優勢，降價也不符合策略定位。相反地，應以提升產品品質或服務水準為目標，提升品牌形象。因此，經理人應評估公司的成本結構、生產能力、財務狀況和技術水準等組織競爭力，以判斷何種策略最符合公司的利益。

（三）了解競爭者能力及反應

競爭對手分析是企業制定競爭策略的重要一環。了解競爭對手的優勢、能力、策略定位和反應，可以幫助企業在市場中找到優勢，提高市占率和獲利能力。以下是企業在競爭對手分析中應注意的要點：

(1) 了解競爭對手的成本結構：評估競爭對手的營運、製造和分銷成本，以了解對手的價格定位和獲利能力。

(2) 分析競爭對手的能力：評估競爭對手的技術、市場營銷和資源能力，以了解對手的優勢和弱點。

(3) 了解競爭對手的策略定位：評估競爭對手的市場、產品和品牌定位，以確定自己的差異化優勢和市場定位。

(4) 預測競爭對手的反應：預測競爭可能的價格和市場策略反應，以制定因應策略。

(5) 從競爭對手的角度思考：企業應將自己置於競爭

對手的立場，以深入了解對手的行動和反應。

（四）其他貢獻者、合夥人與利益團體的反應

在進行價格競爭時，不僅要考慮企業本身和競爭對手，還需關注上游供應商、下游經銷商、互補產品廠商和政府機關等團體的影響。這些團體可能在銷售流程、產品品質、廣告宣傳、售後保固和消費交易等方面，產生直接或間接的影響，企業若能善用這些資源，提高產品價值，就有可能避免激烈的價格戰。

例如，紡織化纖廠研發了一種新型聚酯涼感加工絲，通過直接與品牌商合作開發新產品，品牌商可指定該廠的涼感纖維產品，即使競爭對手生產出相同功能的產品，也搶不走訂單，自然可避免一場價格競爭。此外，其他團體也可在行銷方面提升企業價值，例如中華航空公司和中國信託的聯名卡，除了可以累積里程，還能提供機場接送、免費使用貴賓室、機票折扣，以及專屬報到櫃台等優惠。因此，在企業發起或加入價格戰之前，一定要詳細評估其他利益團體的貢獻和利益，善用其資源，並考慮其利益，如供應商和經銷商的利潤率、業務人員的業績獎金等。

04

因應對手降價的策略

在競爭激烈的市場環境中，各行業不斷推出「天天最低價」、「保證最便宜」、「買貴退差價」等促銷口號以提升銷量。全球化影響下，許多產業面臨供過於求的挑戰，進一步加劇價格競爭。賽局理論指出，廠商若能維持穩定價格，並避免降價競賽，則可實現利潤最大化。然而，在經濟放緩與競爭對手降價以維持銷量的情況下，決定是否跟進降價成了一個複雜的決策。降價可能會削弱毛利率、降低顧客忠誠度，並影響整個產業的獲利能力。因此，當對手降價挑戰時，企業應深入考慮是否跟進，或尋找其他應對策略。面對價格戰，經理人必須進行系統性思考，以制定出有效的應對策略。

（一）分析競爭對手降價原因

在商業競爭中，深入了解競爭對手的行為是制定策略的基礎。特別是當對手調整價格策略時，正確解析其背後的原因和目的，對於企業制定有效應對措施至關重要。以下內容將探討如何深入分析競爭對手的降價策略及其對市場和公司的潛在影響。

了解競爭對手的降價動機，是制定有效應對措施的首務，可從以下三方面入手：產品生命週期階段、是否存在超額利潤，以及競爭對手是否面臨財務壓力。如果競爭對手的產品正處於成長階段，降價可能是為了快速擴大市占率。反之，若產品已達成熟期，降價可能無法顯著提升銷量。此外，存在超額利潤時，競爭對手可能會利用此一利潤空間增加市占率。

降價的其他原因可能包括改善現金流、減少庫存、鞏固市場地位，或打擊競爭對手。例如，財務困難的企業需要快速增加現金流，可能會採取降價策略；避免投資浪費時，公司可能不得不參與價格戰。有時，降價也被用作一種策略，以增加市占率並鞏固市場地位，甚至迫使較小的競爭對手退出市場。例如，2018年5月，中華電信推出月租費499元的手機上網套餐，引發了與台灣大哥大及遠傳電信的價格競爭，也影響三家公司的利潤。

總而言之，面對競爭對手的降價促銷，企業需深入探究對方的意圖，並制定針對性的策略。

（二）分析競爭對手降價的影響

在面對競爭對手的降價促銷時，企業需先深入分析其背後的動機，進而衡量此一策略對自身與市場的影響。以下是企業在評估過程中應考慮的關鍵問題：

(1) 市場定位與競爭分析：結合市場區隔和降價幅度，評估競爭對手的策略對自身市場定位的影響，並考量對核心產品的潛在威脅。這涉及了解市場動態、客戶需求和競爭對手的行動，以制定相應的市場策略。

(2) 策略適應性與時效性：判斷競爭對手的降價是否為短期行動或長期策略，並相應調整自身策略的靈活性和時效性，包括快速反應和長期規劃。

(3) 客戶與市場影響評估：分析降價策略對目標客戶群的吸引力及其對銷售量的影響，同時考慮降價對通路和合作夥伴的潛在影響，以保持市場和客戶關係的穩定性。

(4) 財務和品牌考量：評估降價策略在保持利潤和成本

效益的同時，對品牌形象和市場定位的影響，確保價格決策與公司的財務健康和品牌策略相符。

(5) 產品策略和生命週期管理：根據產品處於生命週期的階段，評估降價的必要性和效果，以調整產品組合和價格策略，確保長期的市場競爭力和產品生命週期的有效管理。

評估競爭對手對公司核心業務的潛在威脅時，關鍵在於分析競爭對手的發展潛力和核心競爭力。以紡織產業中的超盛公司為例，這家針織布料廠商專注於生產運動服飾布料，長期為運動品牌供應商利泰公司提供所需產品，然而，隨著利泰的成長，超盛面臨日益增加的競爭壓力。

當競爭對手以低價爭奪市場時，利泰的吳經理向超盛表示，如果超盛不能提供更具競爭力的價格，他們可能會轉向其他供應商。面對這種價格競爭，超盛選擇保持其差異化產品的高利潤，而非參與降價競爭。但隨著時間流逝，超盛發現即使維持較高的利潤率，其在利泰的市占率卻逐漸萎縮，銷售量也在下降。此外，對手不僅在價格上對超盛造成壓力，還開始侵蝕其差異化產品的訂單，利用高利潤空間進行降價搶單。最終，超盛不僅失去部分訂單，也因未能適時調整策略，導致銷量萎縮與利潤減少。

理論上，超盛原本在市場上具有優勢。但因未能精確評估競爭對手的戰略意圖，以及其對核心產品的影響，最終採取了不當的應對策略，導致失去一個長期穩定的客戶。此案例強調在面對競爭時，企業需仔細分析競爭環境，根據自身優勢和市場變化，選擇最合適的策略。

（三）競爭對手降價的因應對策

面對競爭對手的降價行動，企業需先清楚了解自身及競爭對手的優勢和成本結構，進一步了解降價的真正動機，以及它所帶來的市場影響和潛在威脅。分析這些因素後，才能擬定合適的應對策略。為了維護市場地位，企業需根據不同的市場區隔制定策略，例如對於價格敏感的大宗商品客戶，策略將與對價格較不敏感且忠誠度較高的差異化產品客戶不同。

在制定應對策略時，企業應評估以下幾個關鍵因素：

（1）公司的獨特能力：包括降低成本和提供差異化產品的能力。

（2）市場的重要性：考慮該市場對公司利潤的貢獻，以及產品在生命週期中的位置。

（3）市場的特性：包括市場大小和客戶的價格敏感度。

（4）競爭對手的威脅程度：判斷競爭對手的行動會否對公司在其他市場的市占率造成風險。

考慮這些因素後，企業可根據自身情況和市場狀況，選擇最適合的策略來因應對手的價格競爭，避免陷入價格戰的困擾，同時保持自身市場地位與獲利空間。

1. 正面回擊

在面對競爭對手的降價促銷時，企業需要深思熟慮地決定是否跟進降價。這不僅是為了保持市占率，也因為重新獲取新客戶的成本通常高於保留現有客戶的成本。雖然降價可能會縮減利潤，但失去客戶可能帶來更大損失。然而，頻繁降價可能會降低客戶忠誠度並損害長期利潤。因此，在決定是否採取降價策略時，應考慮以下幾點：

（1）成本優勢：如果企業擁有顯著的成本優勢，且面對價格敏感的市場，可以考慮降價，尤其是在推出更高階產品時。

（2）規模經濟：當企業具有規模經濟優勢，且降價競爭可能導致失去重大市占率時，應考慮價格調整以保護市場地位。特別是在產品進入衰退期，且初期投資已回收時，降價可能是一種合理的策略。

（3）高利潤市場：如果市場仍具有高額利潤，降價增加銷量能補償單位利潤的減少，那麼降價策略是可行的。

（4）威脅核心業務：當競爭對手的行動威脅到企業的核心業務，或可能引起忠誠客戶流失時，企業應進行價格反擊，甚至可能需要更大幅度的降價以保護市占率。

在考慮降價策略時，企業必須全面評估市場狀況、產品定位、客戶需求和競爭對手的行為。例如，當主要客戶威脅要轉向競爭對手時，企業可能感到需要迅速反應。但在此之前，應確認客戶的威脅是否真實，並考量自身產品的品質和客戶的轉換成本。最終，企業應根據市場定位和長期策略，制定符合自身利益的價格策略，避免盲目跟隨競爭對手的降價行動。

2. 和平共存：採取非價格競爭策略，維持原價格

當企業面臨競爭對手的價格戰，直接降價回應往往會帶來副作用。首先，這可能改變消費者的心理預期，使他們僅在打折時購買。其次，由於對手可能繼續降價，導致無止境的價格戰。此外，忠實客戶可能轉向更便宜的競爭對手，減少企業的市占率。因此，企業應從長遠財務角度思考，選擇更合適的策略來應對價格競爭，避免直接參與價格戰。以下列出幾個原因說明為什麼企業不應降價回應競爭對手：

（1）短期降價策略：如果競爭對手的降價僅為清倉或改善現金流，這不應成為公司的長期定價策略。在這種情況下，維持價格穩定，避免損害品牌形象和長期獲利能力是明智的。

（2）大企業避免加入價格戰：市占率較高的大企業，參與價格戰的成本遠高於小企業。大企業應保持價格策略，通過提升產品品質或提高服務來吸引消費者，而不是降價。

（3）利用獨特能力和核心競爭力：如果企業擁有特定優勢，如高效的供應鏈管理或獨特的產品特性，應利用這些優勢而非降價，這有助於保持市場競爭力。

（4）主要市場影響：如果競爭對手的降價只影響部分市場，而非主要市場，維持原價可能更好。對於高品質產品，消費者往往願意支付更高價格。

（5）產品生命週期階段：在產品生命週期的成熟期，競爭更為激烈。此階段降價可能無法顯著增加銷量或利潤，因此維持當前價格更為合適。

不跟進降價的其他方案

在某些產業中，企業因投入大量資本購買製造設備，當產能利用率不足時，通常會透過價格競爭來爭取訂單。只要售價高於變動成本，企業就能分攤部分固定成本。然而，當競爭激烈時，退出市場的門檻變高，企業為了生存不得不削價競爭，導致產業內廠商進入價格戰的循環。若是競爭對手已無退路，只能降價，而他的損失相對較小。原有廠商應避免正面降價競爭，讓其擁有部分市占率，保持共存關係。當然，原有廠商不會一再退讓，而是會隨時關注競爭對手的動向，防止對手採取更激烈的價格攻擊。

企業可採取非價格競爭策略，與競爭對手和平共存。以下是幾種有效的非價格競爭手段：

（1）創新定價方法：提供分期付款、延長保固、租賃或訂閱等新定價方式，滿足客戶需求，創造更高價值。

（2）強調產品品質：品質是產品的核心價值，企業可強調產品品質的重要性，轉移客戶對價格的注意力。大多數客戶購買產品時，會以品質為主要考量，價格只是次要因素。

（3）強調價格戰的負面影響：針對客戶，企業可強調低價對產品品質的疑慮，提醒客戶若某家供應商獨大，會降低其議價能力。針對競爭對手，企業則可公開表明將不惜代價打價格戰，警示價格戰會造成兩敗俱傷，不如將重心放在其他方面，爭取客戶認同。

（4）讓出價格敏感度高的市場：當競爭對手降價後，對價格敏感的客戶影響最大。企業可以讓競爭對手獲取這些客戶，因為他們以價格為主要考量，本次降價後，其他競爭對手可能會以更低價格吸引他們，最終雙方都得不償失。

（5）鞏固高利潤市場：當競爭對手聚焦在價格敏感度高的客戶時，公司應針對高忠誠度、高利潤的顧客，建立進入障礙。也就是說，公司應針對價格敏感度低的客戶群，提供客製化服務或其他價值，並與他們簽訂長期合約。這樣，公司可以強化自己在高利潤市場的地位，維持較高售價。此外，建立良好的客戶關係和長期合作關係，有助於增強公司與客戶之間的互信和穩定性，使公司能夠更好地應對競爭對手的威脅。

3. 採取聯盟策略

部分企業因產能過剩而發動價格戰，希望提高銷售量、擴大銷售通路來提升閒置產能、去化庫存和回收現金等。然而，若企業能採取聯盟策略，共同接單，形成強大團體優勢，就能有效解決價格戰問題。透過合作，企業不僅能增加競爭力，也能減少競爭風險。在業界合作過程中，共同獲利是關鍵議題之一，需根據公平原則分配獲利，這可透過談判、協商或制定合約來實現。此外，聯盟成員間的溝通和信任也非常重要。只有在建立互信的基礎上，聯盟才能順利運作。

因此，採取聯盟策略對於企業來說，是一個非常明智的決策。透過合作，企業可共用資源和技術，創造更多商機和利潤。然而，在建立聯盟的過程中，企業應注重公平原則和溝通信任的建立，以確保聯盟成功運作。

紡織聯盟：台灣廠商A與B的共生策略

在台灣中部有兩家主要的經編廠商：A公司和B公司。這兩家企業在台灣紡織產業中占據重要地位，但面臨國際競爭和本地市場產能過剩的挑戰。長期以來，兩家公司進行了激烈的價格競爭，導致利潤率不斷下滑，整體產業也受到影響。

在這種情況下，兩家公司進行了前所未有的對談。他們意識到，繼續競爭下去會使雙方面臨無法承受的損失。於是，他們決定探索合作的可能性，共同對抗市場困境。經過一連串討論和協商，A公司和B公司決定成立聯盟，專注於開發和生產高品質的經編產品，以滿足一線品牌商的需求。他們意識到唯有合作才能整合彼此的優勢，如A公司的創新生產技術和B公司的強大業務能力，從而提高競爭力和市占率。

為確保合作的成功和公平性，兩家公司成立了管委會，負責制定聯盟的運作規則、監督生產流程和分配利潤。此外，還設立透明的溝通機制，確保雙方能及時交換訊息並解決問題。通過這種合作，兩家公司不僅避免了價格戰，還通過提高產品品質和生產效率，成功獲得一線品牌商的訂單，帶來顯著利潤，並提升台灣紡織產業的整體形象和競爭力。由此可知，通過合作和互信，原本的競爭對手也能成為合作夥伴，共同創造更大價值。

05

採用非價格策略因應價格戰

面對激烈的價格競爭，企業常陷入維持利潤率和市占率的困境。降價吸引顧客可能引發災難性的價格戰，不僅侵蝕利潤，還損害品牌價值。因此，採用非價格競爭策略，如提升產品和服務的獨特性、強化顧客體驗、創建品牌忠誠度，以及與其他企業建立策略聯盟，變得極其重要，不僅能在短期內因應價格戰，還能為長期發展奠定穩固基礎。

西方企業通常避免引發價格戰，因為這可能帶來管理上的失誤和其他後果。雖然價格是普遍使用的策略工具，但長期而言，參與價格戰更可能導致企業失去市場競爭力。面對價格競爭，企業應制定短期和長期策略。短期策略包括正面回擊、和平共存或建立聯盟等；長期策略著重於建立非價格競爭力的優勢，如低成本策略、差異化策略、集中策略、培養顧客關係、強化核心競爭力、採取選擇性定價和應用長尾理論等。

透過這些非價格策略，企業可以建立客戶對產品或服務的品質和功能的信賴感，增強品牌形象、研發能力、廣告宣傳力和經銷通路等競爭優勢，從而避免價格戰，保持市場地位，贏得長期競爭優勢。

（一）核心競爭力與品牌力量

哈默爾和普哈拉於1990年提出的核心競爭力概念，強調企業技術、技巧和營運流程的獨特結合，這種組合通過長期學習和累積來滿足顧客需求。企業應超越單一競爭目標，如僅追求低成本和差異化，而應整合各部門核心能力，以強化在不同產品和業務領域的應用。

在此一框架下，品牌力量成為核心競爭力不可或缺的一部分。品牌不僅是企業與顧客溝通的橋梁，也是企業文化、價值觀和承諾的體現。強大的品牌能增強顧客對產品或服務的信任度，從而創造顧客價值，並提升企業在市場中的地位和競爭力。

哈默爾和普哈拉將企業比喻為一棵大樹，核心產品如同樹幹，各事業單位是枝幹，而品牌力量則是滋養這棵樹的根基之一。強大的品牌不僅能吸引顧客，還能為企業提供持續的營養和支援。正如樹根提供水分和養料一樣，一個深入人心的品牌能帶來持續的客戶忠誠度和市場認可。

企業的核心競爭力具有以下特點：

（1）**獨特性：**核心競爭力是企業智慧的結晶，結合獨特的生產技術，創造競爭優勢。

（2）**難以模仿或取代：**具有持久力和彈性，與競爭者區隔開來，不易被模仿或替代。

（3）**創造顧客價值：**能滿足顧客需求，提供價值，企業應從顧客角度出發，改善產品、銷售策略、生產流程和人才培養。

（4）**長期累積：**源自於長時間的經驗、挫折和知識的積累，短期內難以獲得。

（5）**可延展性：**應用於企業多個領域，幫助企業在新市場推出或改進產品。

在面對價格戰盛行的市場環境時，企業若只關注價格競爭，可能會忽略品牌建立的重要性。反之，若企業能利用核心競爭力強化品牌形象，就能在市場中樹立獨特地位，避免陷入價格競爭的泥潭。品牌力量的加持，使企業能通過提供獨特的產品和服務吸引顧客，而非僅僅依靠降低價格。

在競爭激烈的市場中，企業若想保有競爭優勢並脫離價格戰困境，核心競爭力的建立尤為重要。例如，日本佳能公司在相機領域積累的光學技術，成功應用於液晶顯示器的生產，從而避免了單純依靠降價來爭取市占率。沃爾瑪利用集中採購、供應鏈管理和物流配送方面的核心能力，提供「天天最低價」的商品，這是通過提高效率來降低成本，而非單純的價格競爭。亞馬遜則利用大數據和物流管理的核心能力，提供快速且價廉物美的產品，並進入新業務領域，如雲計算和物流服務等，從而擴大市占率而非僅僅參與價格戰。

熊彼得指出，創新是推動企業持續成長的關鍵，涵蓋產品更新、生產方法和市場策略等多方面變革。企業通過創新來建立和加強核心競爭力，能有效躲避簡單的價格競爭，轉而提供獨特價值來吸引顧客。

麥肯錫諮詢公司進一步解釋，企業的核心競爭力反映在技能與知識的獨特組合，使企業在市場上獨樹一幟。當企業專注於提高核心能力，如人才培養、技術創新和企業文化塑造時，能更好地滿足顧客需求，提高產品和服務的附加值，避免價格戰帶來的負面影響。

總之，企業若僅依賴降價吸引顧客，很容易陷入價格戰的惡性循環，短期內或許能增加銷量，但長期將損害利潤和品牌價值。相反，通過持續建立和加強核心競爭力，企業能提供獨特價值給顧客，在激烈的市場競爭中保持優勢，實現可持續發展。

案例

IKEA
核心競爭力

IKEA作為全球家居零售業的領導者，其成功不僅僅依賴低成本策略，更在於擁有難以模仿的核心競爭力。IKEA結合差異化與低成本策略，為顧客創造獨特價值，形成市場競爭優勢。

首先，IKEA重視產品設計的差異化，堅持獨特的設計理念，專聘設計師根據市場需求進行創新設計，並積極徵求顧客意見，不斷提供符合消費者需求的家居解決方案。此外，所有產品都採用自家設計技術及品牌，嚴格控制價值鏈的每個環節。其次，IKEA的產品秉承瑞典設計的簡約、實用與自然特點，強化品牌的瑞典風格，使其產品在全球市場中獨樹一幟，成為獨特生活方式的代表。

再者，IKEA的體驗式行銷策略，通過將展廳布置成家的模式，讓顧客在購物過程中直接接觸和體驗產品，提供新穎的購物體驗，有效拉近了與顧客的距離。最後，IKEA堅持低價格、高品質的產品策略。通過自行組裝減少製造和運輸成本，同時保證產品品質，為顧客提供性價比高的產品。

然而，在市場競爭中，僅靠低價策略難以保持長期競爭力。若競爭對手也採取低價策略，容易引發價格戰，最終削弱企業獲利能力。因此，IKEA通過獨特設計理念、瑞典風格、體驗式行銷和低價高品質產品等核心競爭力，不僅提升顧客滿意度，還成功避免了價格戰的困境，保持市場成長和高利潤。

IKEA的成功並非偶然。深入研究其設計理念、瑞典風格、體驗式行銷和低價高品質產品等策略，可以看到成功企業如何建立核心競爭力，並在全球市場中保持領先地位。

（二）創新與差異化

在市場中，消費者主要分為兩類：一類對價格敏感，另一類注重產品或服務價值。因此，同一產品在不同市場中面對的價格敏感度和品質敏感度也會有所差異，這成為市場細分的根本。企業可通過提供差異化產品或服務創造獨特優勢，實施差異化競爭策略。差異化優勢是企業在產品或服務上的獨特性，讓顧客明顯感受到與其他競爭者的不同。企業可以利用技術或管理優勢，開發出超越市場現有產品的品質或服務，從而在非價格因素上建立競爭優勢。

要成功實施差異化策略，企業可從產品、服務、品牌、價值鏈和人員等方面著手。這樣企業能建立獨特品牌形象，提升產品或服務的附加價值，進而提高顧客忠誠度。即使在價格戰愈演愈烈的市場環境中，企業也能保持市場地位，避免陷入降價競爭的不利局面。

1. 產品差異化

當市場上的產品高度同質化時，企業往往會陷入價格競爭的惡性循環，因為產品在形式、品質、設計和功能等方面缺乏差異，難以從競爭對手中脫穎而出。在這種情況下，產品差異化成為企業脫穎而出的關鍵策略。產品差異化是通過創新、改善產品的外觀、品質、設計和功能，重新定義產品價值，從而更好地滿足顧客需求。例如，宏碁推出一款針對商務人士設計的超輕量個人電腦，這款電腦不僅品質高、耐用性強，還具有時尚的設計，展現其差異化的優勢。

1990年代，隨著中國紡織業崛起，依賴低廉勞工成本的競爭優勢，曾令台灣紡織業面臨嚴峻挑戰，被迫與中國大陸的低價競爭，甚至被視為夕陽產業。但是，台灣的化纖廠商沒有就此放棄，而是從紗線生產開始，積極轉型向差異化產品發展。自2005年起，研發機能性產品，如吸濕排汗纖維、抗紫外線纖維、超細纖維及海島纖維等。到了2010年，隨著全球休閒運動風氣的興起，各式機能性服飾成為新的時尚趨勢，台灣紡織產業成為全球一線運動品牌的主要供應鏈成員。最終，台灣紡織業成功由價格競爭轉向價值競爭，擺脫來自中國大陸的價格戰壓力。

2. 服務差異化

服務價值是指企業提供服務的滿意度所創造的價值。除了產品品質，顧客還期望收到附加服務，這些服務會影響他們的購買決定和支付意願。因此，企業應通過提供銷售前、中、後的增值服務來提升服務價值，替代以價格為主的競爭模式。

企業可在銷售前透過顧客需求調查、產品設計、專業諮詢等，提供客製化服務；在銷售過程中提供展示產品、詳細解說、使用指導及包裝等服務；銷售後提供送貨、安裝、維修或技術支持等服務。這樣的差異化服務能增強客戶體驗，提升整體服務價值。

以美國聯邦快遞為例，該公司自1971年成立以來，一直堅持「準時、可靠且安全」的服務承諾，深入理解顧客對於時間和安全性的高需求。通過提供優質服務，美國聯邦快遞建立了強大的品牌形象，在競爭激烈的快遞市場中脫穎而出，讓顧客願意為其高質量的服務支付更高的價格。

總結來說，通過提升服務質量和創造獨特顧客體驗，企業可有效避免價格戰，增強競爭力並提升品牌價值。

3. 品牌差異化

品牌不僅是企業長期提供高品質產品或服務的象徵，更是與價格戰策略的關鍵區別。以台灣的中興紡織為例，該公司率先生產吸濕排汗纖維「Coolplus」，透過產品創新與卓越品質，在國際市場上建立了顯著的品牌形象。這種形象吸引了眾多國際客戶，並使人們在談到吸濕排汗材料時，自然想到Coolplus品牌。

品牌價值能有效避免價格戰，因為強大的品牌形象能讓消費者對產品或服務有更深層的認同，從而減少價格的重要性。中興紡織透過不斷提升產品品質與服務水準，不僅創造了更大的客戶價值，也增強了其產品的市場競爭力和附加價值，從而在市場上占據了有利地位。

此外，企業提供量身定製的服務和實用的解決方案，可進一步提升品牌形象，加強顧客與供應商之間的關係，有效應對價格競爭。品牌代表了一種深植人心的價值觀，使企業在避免價格戰的同時，提升市占率和品牌價值。因此，建立強大品牌形象和維持高品質服務，對企業的長期發展和營收成長相當重要。這不僅強化了品牌的市場地位，還能有效對抗低成本競爭對手，確保企業的持續成長和成功。

4. 價值鏈差異化

透過精心規劃與實施價值創造活動，企業能打造獨特的競爭優勢，此一過程稱為價值鏈差異化。在價值鏈的每個環節，從原材料採購、生產製造到產品銷售和客戶服務，都有機會增加產品價值，以滿足客戶需求，使企業在市場中脫穎而出。

首先，在進料後勤方面，企業應選擇優質可靠的供應商，確保原材料品質及穩定供應，這不僅保障了產品品質一致性和生產流程順暢，也有助於減少生產成本和提升效率，進而在價格競爭中保持競爭力。其次，在生產作業環節，企業應引入先進製造技術和管理方法，提高效率和品質。這樣，即使在價格競爭激烈的市場，企業也能以更高品質和效率保持優勢，避免陷入價格戰。

在出貨後勤方面，有效的物流策略確保產品快速準確達到顧客手中，通過降低運輸成本和提高配送效率，企業可在不降價的情況下，提供更好的客戶服務。在行銷與銷售方面，發展獨特行銷策略和銷售方法，幫助企業有效傳達產品的獨特價值，使企業在價格競爭中保持獨特性，吸引顧客基於價值而非價格選擇產品。

最後，提供卓越的客戶服務能顯著提升顧客滿意度和忠誠度，這對於避免陷入價格競爭，增強顧客連結力相當重要。

5. 人員差異化

人員差異化在企業競爭中扮演重要角色，特別是在技術、禮儀、知識、工作效率、溝通能力與應變力等方面。這些員工能力不僅能為企業創造額外價值，還能顯著影響顧客對企業產品的喜好和購買決策。例如，新加坡航空的空服人員，以其優雅和時尚的形象深受顧客喜愛；IBM的員工則以專業性給人深刻印象。特別是在B2B商務中，銷售人員的能力極為關鍵，他們的態度和專業度常影響客戶的購買決策。若業務人員表現出專業、謙虛且積極的態度，客戶即使面對較高價格的產品，也傾向於交易。

在激烈的價格競爭中，企業可通過提升員工素質和服務品質，建立與競爭對手不同的差異化優勢。這種差異化不僅限於產品，更延伸至顧客服務。當企業員工在顧客服務中展現高度專業和積極態度，顧客即使面對其他低價競爭產品，仍可能因對該企業的信任和滿意度而選擇留下。這有助企業脫離單純的價格競爭，鞏固市場地位。

總結而言，透過強化人員差異化，提升員工的專業知識、服務態度、工作效率和溝通技巧，企業不僅能提高顧客滿意度，還能在價格戰盛行的市場中贏得優勢，增強顧客忠誠度和市場地位。這不僅是避免價格競爭的有效策略，也是企業長期穩定發展的重要途徑。

企業若能結合多種差異化策略，如產品、服務、品牌、價值鏈和人員等，將大大增強市場競爭力，且競爭對手更難以模仿。成功的差異化策略不僅能使企業獲得高於產業平均的利潤，還能提高顧客的品牌忠誠度，降低其對價格的敏感度。即使面對競爭對手的價格戰，具備差異化優勢的企業仍能獲得顧客信賴，擁有競爭優勢。在面對價格戰時，差異化策略可幫助企業減輕價格競爭的影響。透過創造獨特的價值主張和品牌形象，企業可降低顧客對價格的敏感度，增強品牌忠誠度。同時，差異化策略還能減少企業與競爭對手的直接比較，進而降低價格戰的風險。

（三）營運效率與成本管理

在低價競爭環境下，企業若無法直接提高產品價格，則需通過提升邊際利潤來獲得更多收益，這主要是通過降低整體成本來達成。達到整體成本領先策略不僅是價格競爭，更是通過降低原料和營運成本，以及實施多元化市場策略來達成。

要成為成本領先者，企業需達到一定的規模經濟，利用效率提升來降低成本，並應用學習曲線效應減少工作時間。此外，需嚴格控制原料成本和經常性支出，減少研發、人事、廣告等成本，同時保證品質和服務不受影響，因為品質是競爭的基石。垂直整合是一種有效的降低成本方式，通過整合供應鏈上下游，減少固定成本並提高品質控制。垂直整合能提升生產效率、確保產品品質、掌握供應穩定性、增加資訊流通和創新機會，並提高客戶信任度，使企業能在激烈的市場競爭中獲得價格和成本優勢。

另外，整合生產線並採用以量制價的策略，如UNIQLO和大創百貨的模式，也能有效降低成本並提升競爭力。這種策略通過大量生產和去除中間商來降低單位成本，同時保持產品品質，使企業即使在低價市場也能保持獲利。總之，運營效率與成本優化是企業在面對激烈價格競爭時維持競爭力的關鍵。通過實施垂直整合、提高生產效率、嚴格控制成本和利用規模經濟，企業可以在保持產品和服務品質的同時降低成本，從而在市場上獲得更大競爭優勢。

案例

東大盛興業

垂直整合之旅

東大盛企業是一家位於桃園觀音的織布廠商，主要生產運動衣料、家飾用布和新娘禮服等高品質布料產品。其上下游供應鏈涵蓋纖維業、漿紗業、織布業、染整業和成衣廠，主要客戶為國內外品牌貿易商。該公司初期生產規模較小，故須向上游漿紗廠購買整經後的盤頭紗，再運回廠內使用織布機生產，由織布機生產出的胚布再送到染整廠進行染色。

隨著市場競爭加劇，客戶對品質和交期的要求提高，但價格卻因競爭下滑。為了提高生產效率、穩定品質、準確控制交期和減少外購成本，東大盛開始進行上下游整合，併購漿紗廠並設立染整廠。整合後，東大盛提高了效率，穩定了品質，降低了外購成本，使產品更具競爭力，即使面對低價競爭也能保持優

圖 8-1 東大盛公司上、下游供應鏈圖

垂直整合是一種企業策略，通過將供應鏈的不同階段整合到企業內部，達到降低成本和提升效率的目的。這種策略有助於企業達到規模經濟，降低生產和運營成本，並在多個經營環節中產生顯著的經濟效益。

首先，垂直整合通過將不同技術或階段的作業結合在一起，能提升企業的營運效率。例如，東大盛公司通過自製盤頭紗，可避免外部採購的運輸和出貨成本，並減少與供應商交易時的比價、議價和溝通成本，既節省了成本，又提高了效率。其次，垂直整合可以更好地控制產品品質和穩定性。自行生產原料或組件可確保產品符合公司的品質標準，維護品牌形象並提升客戶服務水準。

第三，垂直整合保障供應來源和通路的穩定性。在市場需求高漲時，企業能確保原物料和零件的穩定供應，這是建立競爭優勢的重要因素。第四，此策略還增加資訊流通和創新的機會。企業通過整合供應鏈的上下游，能更快獲得市場和技術資訊，以快速回應市場變化並推動產品創新。最後，垂直整合能提高客戶信任度並對競爭者形成威懾。當客戶看到企業控制從原料到成品的整個生產過程，他們會更信賴企業的產品和服務，這也能對潛在競爭者形成壓力。

綜合以上，垂直整合能為企業帶來成本優勢和更高的營運效率，保障產品品質和供應穩定性，增強市場競爭力，並促進資訊快速流通和產品創新，提高客戶信任感。因此，通過實施垂直整合，企業能在競爭激烈的市場中脫穎而出，獲得更好的價格、更低的成本和更低的風險。

東大盛興業的成功告訴我們，面對外部環境的變動和競爭壓力，企業必須靈活應對，敢於做出決策和創新。垂直整合不僅是一種經濟策略，更是為了持續發展而不斷自我進化的策略。

以上案例顯示，運營效率與成本管理可以長期維持優勢，但並非僅靠大量進貨和銷售來降低價格。企業必須徹底改變成本結構，即使降價也能獲取更多利潤。當競爭對手發起價格戰時，擁有低成本優勢的企業應公開宣示，以威懾競爭對手使其不敢降價，並預防價格戰發生。如果必須降價，低成本優勢也將使企業更具競爭力。若只一味削價競爭而未改變成本結構，獲利只會愈來愈少。

（四）顧客連結力

現今市場環境中，許多企業採用累積旅程、集點優惠、會員卡等方式，鼓勵顧客忠誠度。因為現有的顧客是公司最重要的資產。企業應致力於留住顧客，讓公司成為顧客的首選。然而，短期獲利壓力常迫使企業降低品質、減少服務、縮減人力，這些做法不僅會降低顧客忠誠度，還會減低顧客對企業創造價值的貢獻。

企業重視短期績效，而忽視顧客關係的原因有三點。首先，上市公司財報中通常未列出顧客價值，導致企業對顧客的價值缺乏認識。其次，多數企業缺乏培養顧客忠誠度的能力，難以從顧客身上獲得更大價值。最後，傳統組織結構使各部門專注於職能訓練，忽視顧客需求，加劇企業對短期績效的追求。

然而，爭取新客戶的成本比留住舊客戶高五倍。因此，企業應將顧客價值視為重要策略目標，而非僅追求短期獲利。企業可利用各種方式增加顧客價值，如爭取更多顧客數、提高荷包占有率、延長顧客留存時間等。聚焦於顧客身上，將顧客價值視為重要目標，有助於提高顧客忠誠度，進而增加市占率和獲利。

此外，提高顧客滿意度也是因應價格戰的重要策略。在競爭激烈的環境下，企業必須以更低的價格，提供更好的產品和服務，滿足顧客的需求與期望。如果企業能提供高品質的產品和服務，滿足顧客需求，就能提升顧客滿意度和忠誠度。顧客滿意度還能增加口碑，幫助企業獲得新客戶，減少價格競爭帶來的成本和風險，提升市占率和獲利。

1.顧客導向，針對需求提供解決方案

當顧客提出需求，如「我需要……」或「你能否幫助我……」時，都是企業獲取顧客價值的機會。為了與競爭者區隔，企業需從單純銷售產品轉為提供客製化解決方案，專注於滿足顧客的具體需求。要增強顧客忠誠度，企業必須從顧客角度出發，透過觀察與學習，了解並滿足顧客需求。

為此，企業需建立以顧客需求為核心的組織架構，將原本以職能和產品知識為中心的結構，轉變為關注特定顧客需求的模式。這要求跨部門合作，達成共識，堅持顧客導向的原則，不斷增進顧客忠誠度，建立穩固夥伴關係。這種策略是企業脫離價格競爭陷阱的有效途徑。

在以顧客為中心的組織架構中，企業需全程關注顧客需求，提供個性化解決方案，並嚴格追蹤每位顧客的需求。深入了解顧客找出相關機會，提升顧客滿意度和忠誠度。這不僅能增加銷售量，還能提高顧客推薦的機會，進一步加強顧客忠誠度，幫助企業在競爭激烈的市場中保持優勢。

因此，企業應重視顧客連結力，避免陷入價格戰，而是透過提供優質產品和服務來滿足顧客需求。這有助於穩固企業的市場地位，還能提升長期競爭力和獲利能力。

2. 以顧客需求建構企業組織架構

在當前市場環境下，提升顧客忠誠度、避免價格戰的關鍵是將顧客需求放在組織架構與運營方式的核心。當企業能解決顧客的實際問題，幫助他們的業務順利運行時，不僅能鼓勵顧客持續購買，還能吸引他們推薦新客戶，增加客源基礎。此外，當員工成功解決顧客問題時，將獲得成就感，可提升公司績效和顧客滿意度，使公司在業界脫穎而出。

然而，許多公司還未能提供真正滿足顧客需求的解決方案，故需進行以下變革：

（1）建構以顧客需求為核心的組織架構：跨越部門界限，建立共用顧客資訊、協調工作分配和決策的流程，提供客製化解決方案。

（2）建立以顧客為中心的合作文化：透過公司文化和獎勵制度的改變，鼓勵員工跨部門合作，致力於滿足顧客需求，即使將對個別部門的績效造成短期影響。

（3）培育通才員工：培養員工不僅了解自身產品和服務，還能深入理解顧客的業務和需求，並跨部門學習和應用不同技能和知識。

（4）重新定義公司與外部供應鏈的關係：與外部供應商建立緊密合作關係，更好地滿足顧客需求，並創造更高價值的解決方案。

3.顧客滿意度的迷失

雖然顧客忠誠度對企業確實有價值，能帶來營收成長和股東回報，但高顧客滿意度並不一定保證成功。許多企業採取低價策略提升顧客滿意度，但這可能削弱利潤甚至造成虧損。當顧客僅專注於價格時，他們容易被競爭對手的低價吸引，導致企業失去忠誠顧客。因此，僅依賴低價無法建立長期的顧客忠誠度。

為了提升顧客滿意度、市占率和獲利能力，企業不能只關注自身的顧客滿意度，而應將其與競爭對手比較，以確切評估在顧客心中的地位。例如，如果成衣貿易商給予原料供應商A的滿意度評分較高，但供應商B的評分更高，貿易商在採購時可能優先考慮供應商B。因此，僅看企業自身顧客滿意度得分是不夠的，必須在競爭環境中取得較高滿意度，才能真正提高荷包占率。

企業若想脫離價格戰，提升營運績效，應關注以下三項指標：顧客利潤率、市占率和顧客心中的排名。這要求企業不僅要提高顧客滿意度，還要分析顧客與品牌類型，制定合適策略。例如，在高市占率但低顧客滿意度的情況下，企業必須擁有某些核心優勢，如低價、快速交貨或更好品質等，以促使顧客持續購買。相對地，針對小眾市場的利基產品，則需透過高顧客滿意度來維持利潤。

案例

雲紡的轉型之旅

從價格戰到顧客忠連結力的提升

台灣南部有一家名為「雲紡」的老牌紡織公司，由一位經驗豐富的企業家謝永達領導。謝永達的祖父曾是當地著名的紡織師傅，而今謝永達承襲家族傳統，將雲紡帶入了新時代。

雲紡曾面臨國際低成本競爭對手的巨大壓力，市場上的價格戰讓謝永達深感頭痛。他意識到，若只依靠降價競爭，雲紡將失去長久經營的基礎。於是，他決定改變策略，從提升顧客忠誠度和體驗著手，重新定義雲紡在運動服飾市場的位置。

謝永達首先導入客戶關係管理系統，深入了解顧客需求和偏好。他發現，雖然價格是考量因素之一，但許多客戶願意為高品質和優質服務付出更高價格。於是，雲紡開始提供客製化服務，從紗線選擇到布料設計，每一步都讓顧客參與其中，確保產品滿足他們的需求。

隨著時間推移，雲紡的聲譽逐漸建立。謝永達還發起創新計畫，與當地時尚設計師合作，推出以雲紡布料為基礎的高端運動服系列。這不僅為雲紡帶來了新的客戶群，也提升了品牌知名度和影響力。

此外，謝永達還重視員工關係，認為員工滿意度和忠誠度，與顧客滿意度密切相關。因此，雲紡提供了一系列員工培訓和發展計畫，確保每位員工都能理解公司的使命和價值，並能在日常工作中提供優質客戶服務。

幾年後，雲紡已成為台灣紡織業的重要運動服飾供應商。謝永達成功地將雲紡從殘酷的價格戰中解脫出來，證明專注於顧客體驗和建立穩固顧客關係，比單純價格競爭更能帶來長期的成功。

（五）市場區隔與長尾策略

集中策略的核心在於「專注區隔」，這意味著企業將資源集中於特定的顧客群、產品系列或地區市場。由於資源有限，企業無法滿足所有顧客的需求，因此必須確定並專注於具有最大潛力的目標市場。這種策略的優點包括在特定領域建立市場優勢、降低營運成本及提高經營效率，最終提升市占率。

在現今價格競爭激烈的市場環境中，集中策略顯得尤為重要。當企業專注於特定市場區隔時，可避免廣泛的價格競爭，而是透過提供客製化產品或服務來滿足特定顧客群的獨特需求。這不僅能提升顧客滿意度和忠誠度，還能幫助企業在特定領域建立獨特市場地位，從而在價格戰中保持韌性。

與此同時，長尾理論的興起也為企業帶來新思維。傳統的80／20法則強調，80%的銷售來自於20%的主要產品，長尾理論卻指出，在網絡和數位化時代，大量的利基商品（長尾商品）也能創造相當的利潤。這是因為網絡平台的興起，使這些商品能觸及更多客戶群。因此，企業不應僅關注暢銷商品，而需擁抱產品多樣化，探索和開發更多利基市場。

結合集中策略與長尾理論，企業應尋找和開發那些被傳統市場忽略的利基客戶群。這些利基市場可能不會帶來巨大的單一訂單量，但其累積的總銷量和利潤潛力卻不容忽視。透過網路平台，企業可以低成本接觸到這些特定客戶群，提供量身定製的產品或服務，減少與大型市場的直接價格競爭，增強企業的獲利能力。

案例

長鑫織造

走向未知的研發之旅

在紡織行業中，開發經編鞋材彈性布是一項充滿挑戰的工作。對許多企業來說，這是一個艱難且未知的領域。然而，對於長鑫織造而言，這只是一場探索之旅的開始。

某天，一家知名運動品牌供應商尋找能開發高品質經編彈性鞋材的合作夥伴。這項任務的技術要求極高，對許多廠商都是巨大挑戰。然而，長鑫織造的吳總經理看到了其中的機遇。對他來說，這不僅是一次技術挑戰，也是一次測試勇氣的機會。面對此一全新項目，吳總和他的團隊進行仔細評估，並展開研發之旅。他們知道這將是一個困難的過程，需要創新思維和技術。在吳總帶領下，公司投入大量資源和時間。

研發過程中，團隊遇到了多次失敗。每一次挫敗似乎都在告訴他們，這是一項不可能完成的任務。但這些挑戰並沒有讓他們退縮，反而更加堅定了決心。經過不懈努力和多次試驗，長鑫織造終於開發出符合運動品牌供應商需求的經編彈性布樣品。此成果不僅代表技術突破，也是對團隊精神的肯定。運動品牌供應商對此表示高度讚賞，並承諾會採購大量。長鑫織造不僅因此獲得了可觀利潤，更在經編彈性布領域確立品牌地位。

這是一個關於勇氣、堅持和創新的故事。長鑫織造在面對挑戰時不畏懼，勇於嘗試，並在挑戰中找到了自己的道路。他們的經歷告訴我們，無論面對何種困難，只要持續努力和創新，就能找到解決問題的方法。這次成功的研發不僅展示了長鑫織造的技術實力，也證明了專注和創新的重要性。

案例

東興化纖：
結合差異化策略、自創原料端品牌、長尾理論的運用

東興公司是紡織產業上游化纖廠，以利潤中心為主，分為化纖、紡織、印染和內外銷成衣五大事業部。

目前組織分為化纖、投資和行政管理三部門，POY產能為8000噸，聚酯加工絲產能為3000噸。東泰研發的吸濕排汗纖維和寶特瓶回收纖維品牌暢銷全球，同時關注能源危機、環境保護問題。東興目前所生產的產品規格相當廣泛，詳見表8-1。

產品	規格	用途
一般加工絲	75/36、75/72、150/48等	套裝衣料、休閒服、夾克、外套及毛巾組織
異形斷面加工絲	75/48吸排纖維、75/72吸排＋抗紫外線等	休閒服飾、防水透氣布料、風衣及運動服
高根數加工絲	50/144、50/192、50/288、75/288等	套裝衣料、休閒服飾、防水透氣布料、風衣
高伸縮加工絲	75/72彈性紗等	運動用衣著類、韻律服、褲襪及護膝用品
功能性加工絲	竹炭纖維、抗菌纖維、三合一機能性纖維等	醫療用服飾、室內家飾布、防水透氣布料
花式假撚加工絲	浮白加工絲等	套裝衣料、毯類、襯衫、窗簾、汽車椅套及休閒服

表8-1 東興公司生產的聚酯加工絲產品及其用途

東興化纖的市場困境

台灣的東興化纖公司，作為紡織產業鏈上游的化纖製造商，近年來面臨一系列挑戰。首先，台灣的勞動和土地成本上漲，加上紡織廠向成本較低的中國大陸、越南、泰國和印尼轉移，導致本地聚酯絲（POY）需求下降，迫使東興化纖轉向海外市場。

根據台灣人造纖維製造業協會的數據，2001年聚酯絲在台灣的內銷比例高達87%，五年後降至78%。2005年不僅國內銷售量下降，外銷量也下滑，反映出全球聚酯絲供應過剩的情況。雖然當年聚酯絲產量達128萬公噸，但國內實際消耗量僅有80萬公噸，供過於求導致了價格戰，進一步壓縮企業利潤。

此外， 1991年台灣解除赴中國設廠的禁令，許多下游紡織廠商轉移到成本更低的中國，進一步減少對台灣聚酯加工絲的需求。過去台灣聚酯加工絲多外銷至中國，但自1993年中國擴建聚酯纖維產能後，加上提高進口關稅和打擊走私，導致台灣產品外銷量大幅減少。

面對這些挑戰，台灣聚酯絲產業出現結構性問題。儘管廠商努力開發差異化產品，但大部分產品仍以傳統大宗商品為主，缺乏競爭力。此外，台灣聚酯絲產能過剩，企業在價格戰中無力回天，有些甚至不得不接受虧損以維持市占率。

這些問題凸顯了東興化纖等台灣化纖廠商，在全球紡織產業面臨的困境，迫切需要進行結構調整和轉型，以尋求新的發展機會。東興化纖公司採取了綜合策略，以突破並解決這些挑戰，並提出短期和長期的解決方案來應對。

（一）短期解決方案

面對市場供過於求和激烈競爭環境，東興化纖公司採取了一系列短期策略，包括減產和削價競爭，以解決庫存積壓和市場混亂問題，並保持市占率。

1. 減產策略

為了穩定市場和產品價格，東興化纖在1999～2001年間與同業協商，減少20%～30%的生產量，主要解決的是庫存過剩問題，避免價格急劇下跌。透過減產，東興化纖希望減少市場供應量，穩定產品價格，緩解市場混亂狀況。然而，這只是臨時方案，長期來看可能會影響收入和市占率。

2. 削價競爭策略

面對同質化嚴重的大宗產品市場，東興化纖採取削價競爭吸引顧客，保持銷量。由於市場上的技術和產品品質差異不大，價格成為吸引顧客的主因。透過降低產品價格，東興化纖試圖減少庫存，維持市場地位。然而，這種策略雖能在短期內增加銷量，但卻以犧牲利潤為代價，且一旦開始削價競爭，往往難以停止，最終將導致整個行業的利潤率下降。

這些短期方案雖能暫時緩解公司面臨的困境，但並非長久之計。減產可能導致收入和市占率的長期流失，而削價競爭則可能導致利潤率持續下滑，增加公司的經營困難。因此，儘管這些措施在短期內有其必要性，東興化纖仍需尋找更長遠的策略，以實現持續的成長和發展。

（二）長期策略部署

為應對市場供給過剩的挑戰，東興化纖制定了一系列長期策略，以提升競爭力，包括開發差異化產品、建立原料端品牌，以及加強資訊化管理。

1.開發差異化產品

隨著機能性織品市場需求日增，東興化纖投入資源，研發吸濕排汗纖維等新型機能性產品，提升品牌形象，帶來穩定訂單和較高利潤。開發新產品有助於滿足消費者需求變化、應對競爭、提升內部人員士氣、進入新市場，以及推動企業成長等。

2.建立原料端品牌

東興化纖致力於建立原料端品牌，開發符合環保趨勢的「寶特瓶回收纖維」，以開拓新市場、提升品牌影響力。在企業經營策略方面，以原料端為基礎建立品牌，能提升企業在終端產品生產中的核心競爭力，同時有助於企業實現長期穩健的發展。例如，東興公司在市場供過於求和金融風暴期間，透過原料端品牌的有效經營，成功度過危機。

3. 加強資訊化管理

面對全球市場競爭，東興化纖投入資源升級資訊系統，實施企業資源規劃（ERP）系統，提高管理效率和決策品質。透過資訊化管理，東興化纖能更有效地控制庫存、減少成本，並迅速響應市場變化，提升經營績效。在生產部門中，資訊化管理已成為現代化趨勢並被廣泛應用。例如，條碼化管理系統能縮短生產流程，精確掌握庫存，減少人事和庫存積壓成本，並降低異常產生率。然而，資訊化管理系統可能存在盲點，建議配置專業團隊管理，以降低失誤風險。

（三）策略實施的成效

透過長期策略的實施，東興化纖達到了以下幾個重要的成果：

1. 增強品牌影響力

開發吸濕排汗纖維等差異化產品，建立「寶特瓶回收纖維」等環保品牌，增加產品的附加值，也提升品牌認可度和影響力，使東興化纖在同業間脫穎而出，更有效地吸引和留住客戶。

2. 擴大市占率

差異化產品策略讓東興化纖在特定市場段落建立獨特地位，吸引更多客戶群，提高市占率，使公司保持競爭優勢，增加銷售額和利潤。

3. 提升生產效率和客戶服務品質

實施資訊化管理，如使用ERP系統，能整合內部資源、提高生產效率和工作流程透明度，不僅可減少生產成本，也縮短產品從生產到交付客戶手中的時間。此外，資訊化管理還能改善客戶服務流程，提升客戶滿意度，進一步鞏固客戶關係，提升客戶忠誠度。

4. 創造藍海領域

在紅海市場中，即競爭激烈的市場，東興化纖透過創新和品牌建設，成功開啟了藍海領域，這個領域競爭對手較少，利潤空間較高。這不僅保持了公司在激烈市場中的穩定增長，也為公司的長期發展奠定堅實基礎。

（四）長期策略的啟示

東興化纖的長期策略展示了一個獨特的經營模式，既追求差異化又注重成本領導。通過「研發差異化產品」和「自創原料端品牌」，東興化纖實現了產品和服務的差異化，而「資訊化管理」則在成本控制上保持領先。此策略強調了一個重要觀念：即使在成本領先的基礎上，企業也能提供獨特價值，以設定更高的價格。

傳統上，許多理論家如波特（Porter, 1980）認為，企業不能同時採取低成本和差異化策略。但東興化纖所處的市場環境，特別是面對來自低成本國家的競爭，要求它必須同時採用這兩種策略來保持競爭力。其中展示了成本與售價無關的觀念：即便成本降低，東興化纖也通過差異化策略創造更高的顧客價值，從而維持或提高產品售價。

東興化纖的解決方案結合了兩種策略的優勢：通過技術創新和資訊化管理，不僅提高產品差異化，還能有效控制成本。這種策略並不意味著對組織架構和人員施加嚴格控制，而是更多地依賴技術和創新，與波特的原始論斷形成對比。此外，波特在1996年也指出，只要企業還未達到生產力極限，就有可能同時追求低成本和差異化。

—— 本 章 回 顧 ——

1. 價格戰是企業利用低價吸引消費者，獲得競爭優勢的策略，以下是引發價格戰的原因：
   (1) 產能過剩：當供應超過需求，價格會下降，企業為了搶占市場而降價。
   (2) 產品同質化：產品差異減少，企業無法以非價格因素吸引顧客，只能降價。
   (3) 追求高市占率：企業為提升市占率而降價，導致其他競爭者跟進。
   (4) 市場經濟體系：市場競爭激烈、進入門檻低、退出障礙高等因素加劇價格戰。
2. 面對價格戰，企業需根據市場狀況、產品定位、客戶需求和競爭對手行為，全面評估並制定符合自身利益的應對策略。
   (1) 競爭環境：當企業面臨激烈的價格競爭，或預計將面臨價格戰時，應考慮使用相應的策略。例如，市場出現產能過剩或競爭對手降價。
   (2) 市場變化：當市場需求變化導致產品銷售困難，或新競爭者進入市場時，可能是採用價格戰策略的時機。
   (3) 策略定位：如果企業採取低價策略，可能會發起或參與價格戰。反之，若企業定位為高品質、高服務，則可能會避開價格戰，更注重非價格因素的競爭。

(4) 財務狀況：財務狀況良好、有足夠現金流的企業，更能承受價格戰的壓力。財務狀況較差的企業，需慎重考慮是否參與價格戰。

主要參考書目與文獻

1. 丁振國、黃憲仁. (2017). 採購談判與議價技巧 [Purchasing Negotiation and Bargaining Skills], 三版. 憲業企管顧問有限公司.
2. 千赫秀信. (2016). 黃瓊仙譯，星巴克、宜得利獲利10倍的訂價公式 [Starbucks, The Pricing Formula That Multiplied Profits by 10 Times for Ede], 大樂文化.
3. 田中靖浩. (2016). 黃瓊仙譯，行銷高手都想上這堂訂價科學：9方法，讓你學會算透賺三倍的技術 [Marketing Experts Want to Take This Course in Pricing Science: 9 Methods to 4.Master the Technique of Earning Three Times More], 初版. 大樂文化.
4. 曾光華. (2004). 行銷管理：理解解析與實務應用 [Marketing Management: Understanding, Analysis, and Practical Application], 三版. 前程文化事業有限公司.
5. Dolan, R. J., & Hermann Simon. (2000). 劉怡伶、閻蕙群譯，定價聖經：讓定價從行銷難題轉為獲利利器的終極之書 [Pricing Bible: Turning Pricing from a Marketing Challenge into a Profit Tool]. 藍鯨出版有限公司.
6. Hermann Simon. (2018). 蒙卉薇、孫雨熙譯，精準訂價：在商戰中跳脫競爭的獲利策略 [Precise Pricing: Profit Strategies to Escape Competition in Business Warfare], 一版. 天下雜誌股份有限公司.
7. Hermann Simon, Frank F. Bilstein, & Frank Luby. (2007). 張淑芳譯，要獲利不要市佔率 [Profit, Not Market Share], 初版. 城邦文化事業股份有限公司.
8. Kotler, P. (2004). 謝德高譯，定位與定價：科特勒談21世紀的行銷挑戰 [Positioning and Pricing: Kotler on the Marketing Challenges of the 21st Century], 一版. 百善書房.
9. Mohammed, R. (2009). 陳正芬譯，定價思考術 [The Art of Pricing], 二版. 經濟新潮社出版.
10. Porter, M. E. (2010). 李明軒、邱如美譯，競爭優勢(上) [Competitive Advantage (Volume 1)], 二版. 天下遠見出版股份有限公司.

各類經典文獻與重要書籍

第一章

1. Buzzell, R. D., Gale, B. T., & Sultan, R. G. (1974). Market share, profitability, and business strategy. na.
2. Evelyn Friedel. (2012). Price Elasticity-Research on Magnitude and Determinants. Vallendar: WHU.
3. Flood, M., & Dresher, M. (1950). The Theory of Games and the Behavior of Man. Rand Corporation, Santa Monica, California.
4. Global 500. (2013, July 22). The World's largest corporation. Fortune, F-1–F22.
5. Interview with Warren Buffett before the Financial Crisis Inquiry Commission(FCIC) on May 26, 2010.
6. Marco Bertini & John T. Gourville. (2012, June). Pricing to Create Shared Value. Harvard Business Review.
7. Marn, M. V., & Rosicllo, R. L. (1992). Managing Price, Gaining Profit. Harvard Review, 70(September-October), 84-94.
8. Stremersch, S., & Tellis, G. J. (2002). Strategic bundling of products and prices: A new synthesis for marketing. Journal of Marketing, 66(1), 55-72.
9. Stremersch, S., & Tellis, G. J. (2002). The price erosion effect: Strategic product withdrawal from the market. Journal of Marketing Research, 39(3), 387-402.
10. Vgl. Paul Williamson. (2012, December 14). Pricing for the London Olympics 2012. Vortrag beim World Meeting von Simon-Kucher & Partners, Bonn.
11. Workshop on the implementation of multibrand strategies within pricing. (2009, March 5). Wolfsburg, Germany.

第二章

1. Docters, R. G., Reopel, M. R., Sun, J.-M., & Tanny, S. M. (2004). Winning the Profit Game: Smarter Pricing, Smarter Branding. Mcgraw-

Hill Inc.

2. Docters, R., Reopel, M., Sun, J.-M., & Tanny, S. (2003). Price is a Language to Customers. Journal of Business Strategy, June, 31-35.
3. Jacobson, R., & Aaker, D. A. (1985). The Effects of Market Share and Profitability Objectives on Pricing Behavior. Journal of Marketing Research, 22(1), 13-24.
4. John, L. K., Buell, R. W., & Mohan, B. (2019). It Pays to Reveal Production Costs. Harvard Business Review, September-October.
5. Kotler, P. (1996). Marketing Management. Prentice Hall, Upper Saddle River, New Jersey.
6. Smith, J., & Achabal, D. (1996). The Impact of Pricing Objectives on Pricing Strategy: Theory and Evidence. Journal of Marketing, 60(4), 1-20.
7. von Neumann, J. (1928). Zur Theorie der Gesellschaftsspiele. Mathematische Annalen.

第三章

1. 編輯部. (n.d.). 六個訣竅訂出好價格 [Six Tips for Setting Good Prices]. 世界經理文摘, 第378期.
2. 編輯部. (n.d.). 你的訂價正確嗎? [Is Your Pricing Right?]. 世界經理文摘, 第116期.
3. 鮑盛祥. (2006). 企業戰略視角下的定價流程 [Pricing Process from the Perspective of Corporate Strategy]. 當代經濟管理, 28(3), 42-46.
4. Anderson, J. C., Wouters, M., & Van Rossum, W. (2010). Why the highest price isn’t the best price. MIT Sloan Management Review.
5. Bertini, M., & Gourville, J. T. (2012). Lock in Your Customers, Lock Out Your Competitors. Harvard Business Review, 90(6), 82-87.
6. Bertini, M., & Wathieu, L. (2010). How to Stop Customers from Fixating on Price. Harvard Business Review, 88(5), 84-91.
7. Dolan, R. J. (1995). How Do You Know the Price is Right? Harvard Business Review, September.
8. Hamilton, R., & Srivastava, J. (2010). Slicing and Dicing your Pricing. Harvard Business Review, 88(1-2), 26-26.
9. Hogan, J., & Lucke, T. (2006). Driving growth with new products: common pricing traps to avoid. Journal of Business Strategy, 27(1), 54-

58.
10. KERMISCH, R., & Burns, D. (2018). A Survey of 1,700 Companies Reveals Common B2B Pricing Mistakes. Harvard Business Review online, 7.
11. Marn, M. V., Roegner, E. V., & Zawada, C. C. (2003). Pricing new products. McKinsey Quarterly, (3), 40-49.
12. Marn, M. V., & Rosiello, R. I. (1992). Managing Price, Gaining Profit. Harvard Business Review, 70(September-October), 84-94.
13. Nagle, T. T., & Holden, R. K. (1995). How do you know when the price is right? Harvard Business Review, 73(5), 172-180.
14. Raju, J., & Zhang, J. (2003). Choosing the Wrong Pricing Strategy Can Be a Costly Mistake. Knowledge@Wharton, June 04.
15. Schindehutte, M., & Morris, M. H. (2001). Pricing as entrepreneurial behavior. Business Horizons, 44(4), 41-48.
16. Schindehutte, M., & Morris, M. H. (2001). When Prices Are Not Enough: New Strategies for Promoting and Selling Products. Journal of Business Strategy, 22(4), 22-25.
17. Schindehutte, M., & Morris, M. H. (2001). Pricing Strategies: From Research to Implementation. Journal of Business Research, 51(3), 181-188.

第四章

1. Bertini, M., & Koenigsberg, O. (2014). When Customers Help Set Prices. MIT Sloan Management Review, June 17.
2. Dholakia, U. M. (2016). A Quick Guide to Value-Based Pricing. Harvard Business Review, September.
3. Hays, C. (1999). Variable Price Coke Machine Being Tested. New York Times, October 28.
4. Mann, M. V., Roegner, E. V., & Zawada, C. C. (2003). Pricing New Products. McKinsey Quarterly.
5. Mohammed, R. (2018). The Good-Better-Best Approach to Pricing. Harvard Business Review, September-October.
6. Raju, J., & Zhang, J. (2010). How Much Should You Charge? Why "Smart Pricing" Pays Off. Knowledge@Wharton, April 14.
7. US Patent Office. (2011). Application Number 13/249 910, September 30.

第五、六章
1. Anderson, J. C., Wouters, M., & Van Rossum, W. (2010). Why the Highest Price Isn't the Best Price. MIT Sloan Management Review, January 01.
2. Bertini, M., & Koenigsberg, O. (2014). When Customers Help Set Prices. MIT Sloan Management Review, June 17.
3. Bertini, M., Schuckmann, J. von, & Kronrod, A. (2022). Talking to Your Customers About Prices. Harvard Business Review.
4. Blount, J. (2017). Sales EQ: How Ultra High Performers Leverage Sales-Specific Emotional Intelligence to Close the Complex Deal. Wiley.
5. Casiaro, T., Gino, F., & Kouchaki, M. (2016). Learn to Love Networking. Harvard Business Review, May.
6. Cespedes, F. V., Dougherty, J. P., & Skinners, B. S. (2013). How to Identify the Best Customers for Your Business. MIT Sloan Management Review.
7. Dholakia, U. M. (2016). A Quick Guide to Value-Based Pricing. Harvard Business Review, September.
8. Fogel, S., Hoffmeister, D., Ricco, R., & Strunk, D. P. (2012). Teaching Sales. Harvard Business Review, July-August.
9. Geoffrey, J. (2020). This Overlooked Character Trait Is Key to Business Success. Inc.com, June 5.
10. Hays, C. (1999). Variable Price Coke Machine Being Tested. New York Times, October 28.
11. Hughes, J., & Ertel, D. (2020). What's Your Negotiation Strategy? Harvard Business Review, July-August.
12. Hunter, M. (2009). Only Losers Cut Their Prices. The CEO Refresher, December.
13. Hunter, M. (2010). Why Buyers Don't Like Salespeople. The CEO Refresher, November 14.
14. Ibarra, H., & Hunter, M. (2007). How Leaders Create and Use Networks. Harvard Business Review, January.
15. Kumar, V., Sunder, S., & Leone, R. P. (2015). Who's Your Most Valuable Salesperson? Harvard Business Review, April.
16. Mann, M. V., Roegner, E. V., & Zawada, C. C. (2003). Pricing New

Products. McKinsey Quarterly.

17. Marn, M. V., Roegner, E. V., & Zawada, C. C. (2003). The power of pricing. McKinsey Quarterly, (2), 29-41.
18. Matros, A., & Parakhonyak, A. (2016). Price floors and price ceilings in oligopoly markets. Journal of Economic Theory, 163, 728-772.
19. Mayer, D. (1964). What Makes a Good Salesman. Harvard Business Review.
20. Mohammed, R. (2018). The Good-Better-Best Approach to Pricing. Harvard Business Review, September-October.
21. Raju, J., & Zhang, J. (2003). Choosing the Wrong Pricing Strategy Can Be a Costly Mistake. Knowledge@Wharton, June 04.
22. Raju, J., & Zhang, J. (2010). How Much Should You Charge? Why "Smart Pricing" Pays Off. Knowledge@Wharton, April 14.
23. Spradlin, D. (2012). Are You Solving the Right Problem? Harvard Business Review, September.
24. Toman, N., Adamson, B., & Gomez, C. (2017). The New Sales Imperative. Harvard Business Review, April.
25. U.S. Patent Office. (2011). Application Number 13/249 910, September 30.

第七章

1. Anderson, C. (2004). The Long Tail. Wired, 12(10), 170-177.
2. Barkin, T. I., Hertzell, O. S., & Young, S. J. (1995). Facing low-cost competitors: lessons from US airlines. The McKinsey Quarterly, (4), 86-87.
3. Bertini, M., & Wathieu, L. (2010). How to stop customers from fixating on price. Harvard Business Review, 88(5), 84-91.
4. Bryce, D. J., & Hatch, N. W. (2014). Competing against free. Harvard Business Review Press.
5. Chung, S., Kermisch, R., & Burton, M. (2019). Why You Shouldn't Slash Prices in the Next Recession. Harvard Business Review, 97(1), 121-125.
6. Chung, S., Kermisch, R., & Burton, M. (2019). Why You Shouldn't Slash Prices in the Next Recession. Harvard Business Review, 97(5), 122-131.
7. Colvin, G. (2009). Yes, You Can Raise Prices. Fortune, March 2, p.19.
8. Cressman Jr., G. E., & Nagle, T. T. (2002). When Competitors Lead a

Price War. Harvard Business Review, September.
9. Frankfurter Allgemeine Zeitung. (2009). Sportwagenhersteller Porsche muss sparen. January 31, p.14.
10. Frankfurter Allgemeine Zeitung. (2013). January 31, p.20.
11. Gulati, R. (2007). Silo busting: How to execute on the promise of customer focus. Harvard Business Review, 85(5), 98-108.
12. Hamel, G., & Prahalad, C. K. (1990). The core competence of the corporation. Harvard Business Review, 68(3), 79-91.
13. Hamel, G., & Prahalad, C. K. (1994). Competing for the future. Harvard Business Review, 72(4), 122-128.
14. Industry Trends in a Downturn. (2008). The McKinsey Quarterly, December.
15. Jannarone, J. (2010). Panera Bread's Strong Run. The Wall Street Journal, January 23.
16. Jargon, J. (2009). Slicing the Bread but not the Prices. The Wall Street Journal, August 18.
17. Kovac, M., & Cleghorn, J. (2019). What Sales Teams Should Do to Prepare for the Next Recession? McKinsey & Company.
18. Kumar, N. (2006). Strategies to Fight Low-Cost Rivals. Harvard Business Review, 84(12), 104-112.
19. Markey, R. (2020). Are you undervaluing your customers? Harvard Business Review, 1.
20. Meitinger, K. (2009). Wege aus der Krise. Private Wealth, March, pp. 26-31.
21. Mohammed, R. (2012). The good-better-best approach to pricing. Harvard Business Review, 90(5), 96-102.
22. Quelch, J. A., & Jocz, K. E. (2009). How to Market in a Downturn. Harvard Business Review, April.
23. Rao, A. R., Bergen, M. E., & Davis, S. (2000). How to fight a price war. Harvard Business Review, 78(2), 107-120.
24. Reeves, M., & Deimler, M. S. (2011). Adaptability: The new competitive advantage. Harvard Business Review, 89(7/8), 134-141.
25. Reeves, M., Carlsson-Szlezak, P., & Swartz, P. (2020). The looming recession: How to prepare your company. Harvard Business Review, 98(2), 54-62.

26. Raju, J., & Zhang, Z. (2010). Smart Pricing: How Google, Priceline, and Leading Businesses Use Pricing Innovation for Profitabilit (paperback). Pearson Prentice Hall.
27. Schrage, M. (2013). Do Customers Even Care about Your Core Competence?. Harvard Business Review. https://hbr.org/2013/10/do-customers-even-care-about-your-core-competence.
28. Shihwan Chung, R. K., Mark Burton. (2019). Why You Shouldn’t Slash Prices in the Next Recession. Harvard Business Review, December.
29. Simon-Kucher & Partners. (2012). Global Pricing Study. Bonn.
30. The Wall Street Journal. (2005). April 27, p.22.
31. The Wall Street Journal. (2009). June 11, p.B2.

第八章

1. 湯明哲. (2007). 定位與核心能力並不衝突 [Positioning and Core Competence Are Not in Conflict]. 哈佛商業評論, 2007年3月號.
2. 世界經理文摘編輯部. (2001). 打一場新價格破壞戰爭 [Fighting a New Price Destruction War]. 世界經理文摘, 第181期.
3. 鄭君仲. (2007). 競爭者降價，怎麼辦? [What to Do When Competitors Cut Prices?]. 經理人月刊, 第29期.
4. Anderson, C. (2004). The Long Tail. Wired, 12(10), 170-177.
5. Barkin, T. I., Hertzell, O. S., & Young, S. J. (1995). Facing low-cost competitors: lessons from US airlines. The McKinsey Quarterly, (4), 86-87.
6. Bertini, M., & Wathieu, L. (2010). How to stop customers from fixating on price. Harvard Business Review, 88(5), 84-91.
7. Cressman Jr., G. E., & Nagle, T. T. (2002). When Competitors Lead a Price War. Harvard Business Review, September.
8. George, E. (N/A). [Details missing from the reference.]
9. Gulati, R. (2007). Silo busting: How to execute on the promise of customer focus. Harvard Business Review, 85(5), 98-108.
10. Hamel, G., & Prahalad, C. K. (1990). The core competence of the corporation. Harvard Business Review, 68(3), 79-91.
11. Hamel, G., & Prahalad, C. K. (1994). Competing for the future. Harvard Business Review, 72(4), 122-128.
12. Kumar, N. (2006). Strategies to Fight Low-Cost Rivals. Harvard Business Review, 84(12), 104-112.

13. Markey, R. (2020). Are you undervaluing your customers? Harvard Business Review, 1.
14. Rao, A. R., Bergen, M. E., & Davis, S. (2000). How to fight a price war. Harvard Business Review, 78(2), 107-120.
15. Raju, J., & Zhang, Z. (2010). Smart Pricing: How Google, Priceline, and Leading Businesses Use Pricing Innovation for Profitabilit (paperback). Pearson Prentice Hall.
16. Schrage, M. (2013). Do Customers Even Care about Your Core Competence?. Harvard Business Review. https://hbr.org/2013/10/do-customers-even-care-about-your-core-competence.

國家圖書館出版品預行編目 (CIP) 數據

價格之外，價值之上：跳脫成本思維，掌握最適價格，實現雙贏策略 / 陳天賜著. -- 初版. -- 嘉義縣民雄鄉：國立中正大學企業管理學系出版；臺北市：城邦印書館股份有限公司發行，2024.11
面；　公分
ISBN 78-626-97624-5-3（平裝）

1.CST: 價格策略 2.CST: 策略規劃

496.6　　113014413

價格之外，價值之上：

跳脫成本思維，掌握最適價格，實現雙贏策略

作　　者／陳天賜
編輯製作／城邦印書館股份有限公司
書籍顧問／鍾憲瑞、蘇宏仁
出版統籌／連雅慧

出版總監／黃正魁
出　　版／國立中正大學企業管理系所
地　　址／ 621301 嘉義縣民雄鄉三興村 7 鄰大學路一段 168 號
電　　話／（05）2720-411#24301~3
網　　址／ http://busadm.ccu.edu.tw/

發　　行／城邦印書館股份有限公司
地　　址／ 11563 臺北市南港區昆陽街 16 號 5F
電　　話／（02）2500-0888
網　　址／ https://www.cite.com.tw/

出版日期／ 2024 年 11 月初版一刷
I S B N ／ 978-626-97624-5-3
G P N ／ 1011301243
定　　價／新臺幣 420 元